PRÉCIS

DE

GÉODÉSIE

AGRAIRE

DE LEVÉ DES PLANS

ET DE NIVELLEMENT

À L'USAGE DES INSTITUTEURS
DES ARPENTEURS
ET DES ASPIRANTS AU BREVET DE CAPACITÉ.

PAR J. DECOUSU

Maître-Adjoint à l'École Normale de Douai.

DOUAI

IMPRIMERIE TYPOGRAPHIQUE DE VICTOR WARTELLE,
rue Saint-Christophe, 25.

— 1857 —

PRÉCIS

de

GÉODÉSIE AGRAIRE

Chaque exemplaire doit être revêtu de la signature de l'auteur.

Douai. — Imprimerie de V. WARTELLE, rue Saint-Christophe, 25.

PRÉCIS

DE

GÉODÉSIE

AGRAIRE

DE LEVÉ DES PLANS

ET DE NIVELLEMENT

A L'USAGE DES INSTITUTEURS

DES ARPENTEURS

ET DES ASPIRANTS AU BREVET DE CAPACITÉ.

PAR J. DECOUSU

Maître-Adjoint à l'Ecole Normale de Douai.

———⊰◆⊱———

DOUAI

IMPRIMERIE TYPOGRAPHIQUE DE VICTOR WARTELLE,

rue Saint-Christophe, 25.

— 1857 —

PRÉFACE.

De bons traités élémentaires d'arpentage ont été publiés de nos jours par des hommes d'un mérite incontestable pour les élèves qui fréquentent les écoles primaires supérieures ou professionnelles. Mais aucun, que nous sachions, n'a été spécialement rédigé pour MM. les instituteurs, qui, en général, entendent les démonstrations géométriques, et peuvent être fréquemment amenés à effectuer des partages de terrain très compliqués et nullement prévus dans les traités ordinaires.

Dans le but de combler une lacune regrettable, et d'être encore utile aux élèves-maîtres qui ont suivi nos leçons, nous avons composé ce petit ouvrage, dans lequel nous traitons successivement :

La géodésie agraire. — Cette partie, plus importante qu'on ne le croit communément, présente un ensemble de procédés *exacts, rigoureux* et *faciles,* pour diviser toute espèce de bien rural, notamment les quadrilatères irréguliers et les polygones accessibles ou inaccessibles ;

Le levé des plans. — Après avoir indiqué la marche à suivre pour construire les échelles de proportion, et décrit les instruments dont on fait usage, nous passons rapidement en revue les méthodes employées pour lever les plans à la chaîne et à l'équerre, au graphomètre ou au goniomètre, à la planchette, à la boussole, et nous terminons par un exposé lucide des principales règles du lavis ;

Le nivellement. — Cette dernière partie renferme le détail des précautions minutieuses et cependant indispensables auxquelles il faut recourir pour bien niveler. Elle apprend en outre à résoudre les difficultés pratiques que l'on peut proposer sur la régularisation des pentes et la construction des profils en long et en travers, la formation des talus et des surfaces planes ou inclinées.

Tel est le plan de l'ouvrage que nous offrons au public qui possède déjà quelques notions d'arpentage et de géométrie.

VII

Nous ne pouvons nous flatter d'avoir résolu toutes les difficultés de manière à satisfaire tout le monde et à prévenir toute espèce de critique ; mais nous profiterons des observations bienveillantes qui nous seront faites, et nous les recevrons avec reconnaissance.

J. DEGOUSU.

15 juin 1857.

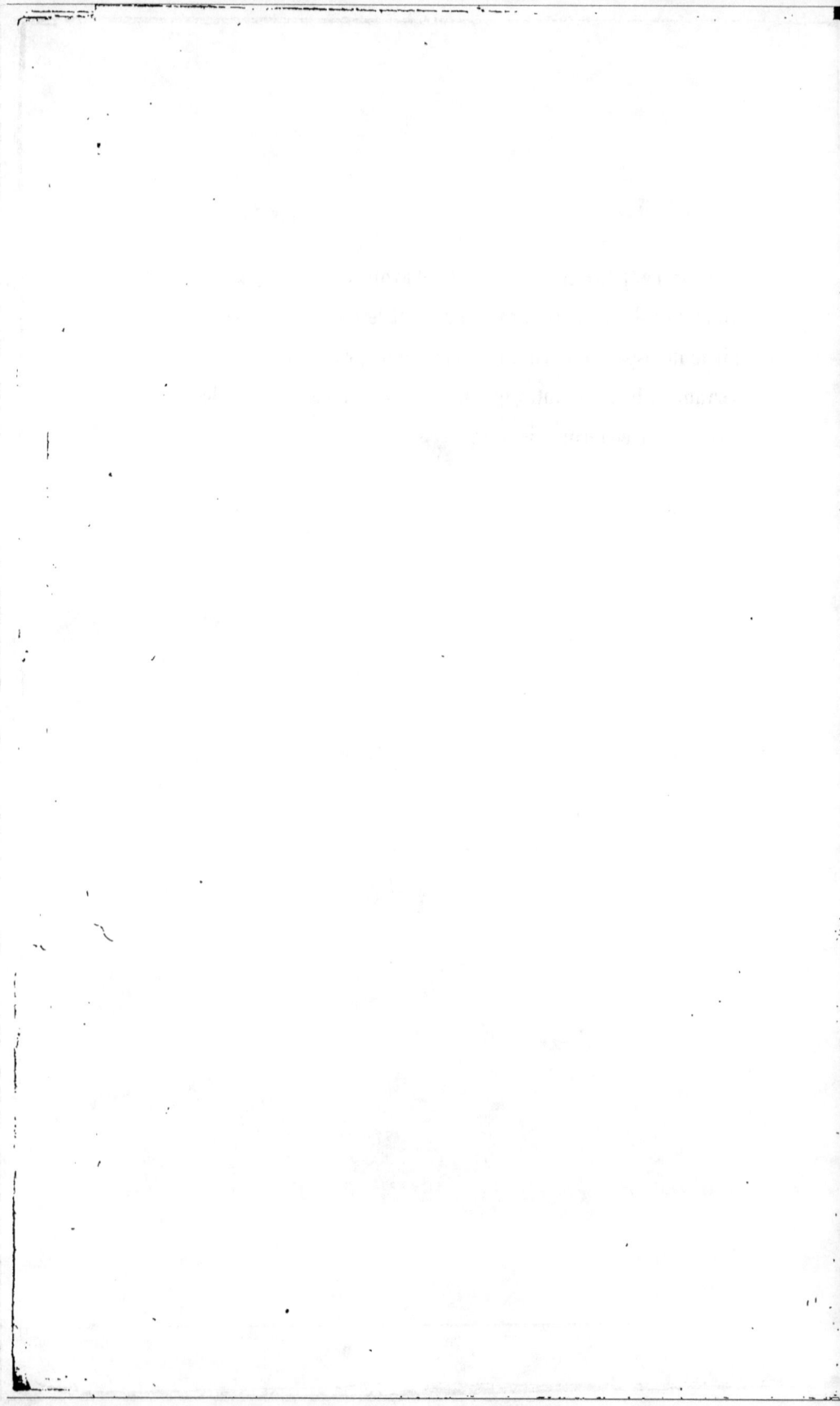

PREMIÈRE PARTIE.

GÉODÉSIE AGRAIRE.

PRÉLIMINAIRE.

On se propose, dans la géodésie agraire, de diviser les terrains proportionnellement aux droits respectifs des copropriétaires.

La géodésie agraire se divise naturellement en deux parties.

La première, toute géométrique, traite des procédés à employer pour décomposer les polygones accessibles et inaccessibles, en portions égales ou inégales aboutissant à des points déterminés.

La seconde a pour objet la délimitation légale et le partage de la propriété elle-même.

L'étude de cette seconde partie est indispensable à l'arpenteur-expert qui veut mériter la confiance de ses clients. Mais comme il n'entre pas dans notre but d'exposer ici les détails qu'elle comporte, nous nous bornerons à recommander à ceux de nos lecteurs qui voudront approfondir la matière, l'excellent *Traité des Servitudes* de PARDESSUS, les *Lois rurales de la France* par FOURNEL, et les *Répertoires* de MERLIN et DALLOZ, dans lesquels ils puiseront les renseignements dont ils peuvent avoir besoin pour partager les successions.

La division d'un terrain peut se faire de deux manières :

1°. en déduisant, par le calcul, les quantités inconnues de celles données et mesurées ;

2°. en levant d'abord le plan du terrain et en effectuant ensuite la division sur ce plan rapporté.

Ces deux méthodes sont également admises en théorie ; néanmoins, on ne peut se flatter, en employant la seconde, d'être à l'abri d'erreurs sensibles, qui résultent de l'imperfection des instruments et de l'imperfection de nos sens eux-mêmes. C'est pourquoi nous diviserons les possessions champêtres par la *méthode numérique*, qui seule donne de la précision au travail et permet à l'arpenteur de terminer l'opération avant de quitter le terrain.

La première partie de la géodésie agraire étant une application immédiate des éléments géométriques, il importe que l'arpenteur ait constamment présentes à l'esprit la théorie des parallèles, l'égalité des angles à côtés parallèles ou perpendiculaires, l'égalité des triangles, les propriétés des côtés, angles et diagonales des parallélogrammes, les lignes proportionnelles, la similitude des triangles et des polygones, la mesure des surfaces triangulaires ou polygonales, et les conséquences du théorème de Pythagore.

Il est encore utile, dans certains cas usuels, de pouvoir évaluer l'aire d'un triangle dont on connaît les trois côtés a, b, c. Comme la formule employée par les arpenteurs ne se trouve pas dans les traités de géométrie élémentaire, nous allons en donner deux démonstrations qu'on pourra lire avec fruit.

1. *L'aire d'un triangle quelconque égale la racine carrée du produit de quatre facteurs, dont l'un est le demi-périmètre, et les trois autres, les restes obtenus en retranchant de ce demi-périmètre successivement chacun des côtés.* (Fig. 1.)

1re SOLUTION. — Soient a, b, c, les côtés BC, CA, AB du triangle ABC, et $2p$ son périmètre $(a+b+c)$. Je dis que la surface cherchée $S=\sqrt{p(p-a)(p-b)(p-c)}$.

Pour le démontrer, menons les bissectrices AO, BO des angles A, B du triangle et abaissons de leur point de concours les perpendiculaires OE, OI, OF; tirons aussi CO; d'après la propriété de la bissectrice, OE=OF et OE=OI; donc OF=OI, et CO est la bissectrice de l'angle C.

Les bissectrices AO, BO, CO décomposent le triangle ABC en trois triangles OBC, OCA, OAB, dont les aires sont respectivement

$$\frac{BC}{2}\times OI, \quad \frac{AC}{2}\times OF, \quad \frac{AB}{2}\times OE,$$

ou $\qquad \frac{a}{2} \times \text{FO}, \; \frac{b}{2} \times \text{FO}, \; \frac{c}{2} \times \text{FO},$

de sorte que l'aire de $\text{ABC} = \frac{a+b+c}{2} \times \text{FO} = p \times \text{FO}$. Le demi-périmètre p étant connu, il nous reste à exprimer FO en fonction des trois côtés.

À cet effet, prolongeons AB, AO, AC et menons la bissectrice BH de l'angle extérieur DBC; joignons CH et abaissons du point H les perpendiculaires HD, HM, HK. D'après la propriété de la bissectrice, HD = HM et HD = HK; donc HM = HK et CH est la bissectrice de l'angle BCK. Comparant maintenant les triangles adjacents aux bissectrices, on trouve que AE = AF, CI = CF, BE = BI, BD = BM, CM = CK, AD = AK, et partant que BE ou BI = CM ou CK (*). De plus, AK équivaut au demi-périmètre, car $2p = \text{AE} + \text{AF} + \text{CF} + \text{CI} + \text{BI} + \text{BE}$, ou, à cause des égalités précédentes, $2p = 2\text{AF} + 2\text{CF} + 2\text{CK}$; d'où $p = \text{AK}$.

Les parties dont se compose AK peuvent aussi être exprimées par des quantités connues. En effet,

$$\text{CK} = \text{AK} - \text{AC} = p - \text{AC} = p - b\,;$$
$$\text{CF} = \text{AK} - (\text{AF} + \text{CK}) = p - (\text{AE} + \text{EB}) = p - c\,;$$
$$\text{AF} = \text{AK} - (\text{CF} + \text{CK}) = p - (\text{CI} + \text{BI}) = p - a.$$

Cela posé, les deux triangles semblables AKH, AFO donnent

(*) Il est visible que AE + BE + BD = AF + CF + CK. Or BD = BM ou BI + IM, et CF = CI ou CM + IM; donc AE + BE + BI + IM = AF + IM + CM + CK, ou, réduisant, BE + BI ou 2BI = CM + CK ou 2CK, ce qui donne BI = CK.

$$\frac{AK}{AF} = \frac{HK}{FO} \text{ ou } \frac{p}{p-a} = \frac{KH}{FO}. \qquad (1)$$

Les bissectrices de deux angles adjacents supplémentaires formant toujours un angle droit, les triangles FOC, HCK ont les côtés perpendiculaires et sont semblables ; donc

$$\frac{FO}{CK} = \frac{FC}{KH} \text{ ou } \frac{FO}{p-b} = \frac{p-c}{KH}. \qquad (2)$$

Multiplions les égalités (1) et (2) membre à membre ; il vient, après réduction,

$$\frac{p \times FO}{(p-a)(p-b)} = \frac{p-c}{FO},$$

d'où l'on tire $p \times \overline{FO}{}^2 = (p-a)(p-b)(p-c)$.

Multipliant cette dernière équation par p, on obtient

$$p^2 \times \overline{FO}{}^2 = p (p-a)(p-b)(p-c),$$

dont la racine carrée est

$$p \times FO \text{ ou } S = \sqrt{p (p-a)(p-b)(p-c)}.$$

C. Q. F. D.

APPLICATION.—Si, dans le triangle, on suppose $a = 6^m$, $b = 11^m$, $c = 7^m$, on aura, pour le périmètre, $6+11+7 = 24$, et pour le demi-périmètre, 12 ; alors la formule donnera

$$S = \sqrt{12 (12-6)(12-11)(12-7)},$$

ou $\quad S = \sqrt{12 \times 6 \times 1 \times 5} = \sqrt{360} = 12^m, 98.$

2. 2ᵉ SOLUTION. — Soient a, b, c les côtés BC, CA, AB du triangle ABC et h la hauteur. L'aire de ce triangle égalant $\frac{AC}{2} \times BG$ ou $\frac{b}{2} \times h$, on voit qu'il s'agit de déterminer

h, et pour cela, de trouver la valeur de l'un (CG) des segments de la base AC.

On sait que $\overline{AB}^2 = \overline{AC}^2 + \overline{BC}^2 - 2AC \times CG$,

ou $\qquad c^2 = b^2 + a^2 - 2b \times CG$.

On déduit de là $\quad CG = \dfrac{b^2 + a^2 - c^2}{2b}$.

Dans le triangle rectangle BCG, on connaît l'hypoténuse CB et le côté CG ; par conséquent,

$$\overline{BG}^2 \text{ ou } h^2 = a^2 - \frac{(b^2 + a^2 - c^2)^2}{4b^2} = \frac{4b^2 a^2 - (b^2 + a^2 - c^2)^2}{4b^2}.$$

Mais le numérateur de la dernière fraction est la différence des carrés du terme $2ba$ et du polynôme $b^2 + a^2 - c^2$; donc, d'après un principe connu, il équivaut à *la somme de ces quantités multipliée par leur différence*, ou à

$$(b^2 + a^2 + 2ba - c^2)(c^2 - b^2 - a^2 + 2ba) \qquad (1)$$

Or, $b^2 + a^2 + 2ba = (b + a)^2$; donc le premier facteur du produit (1) revient à

$$(b + a)^2 - c^2 = (b + a + c)(b + a - c).$$

Le second facteur $(c^2 - b^2 - a^2 + 2ba)$ égalant $c^2 - (b - a)^2$ peut se traduire par

$$(c + b - a)(c - b + a) = (c + b - a)(c + a - b).$$

D'après ces transformations, le produit (1) devient

$$(b + a + c)(b + a - c)(c + b - a)(c + a - b),$$

de sorte que

$$h^2 = \frac{(b + a + c)(b + a - c)(c + b - a)(c + a - b)}{4b^2} \qquad (2)$$

Posons $\quad \dfrac{b + a + c}{2} = p$; on en conclut

$$b + a + c = 2p,$$
$$b + a - c = 2(p-c),$$
$$c + b - a = 2(p-a),$$
$$c + a - b = 2(p-b).$$

Portant ces valeurs dans l'équation (**2**), on trouve successivement

$$h^2 = \frac{2p \times 2(p-a) \times 2(p-b) \times 2(p-c)}{4b^2}$$

$$= \frac{16p(p-a)(p-b)(p-c)}{4b^2}$$

$$= \frac{4p(p-a)(p-b)(p-c)}{b^2};$$

d'où résulte $\quad h = \dfrac{2\sqrt{p(p-a)(p-b)(p-c)}}{b}.$

Multipliant enfin cette égalité par $\frac{b}{2}$, moitié de la base, nous avons, pour la surface S du triangle,

$$S = \sqrt{p(p-a)(p-b)(p-c)}.$$

C. Q. F. D.

CHAPITRE I.

—

DIVISION DES TRIANGLES.

3. *Diviser un triangle en parties proportionnelles à des nombres donnés, par des droites tirées du sommet de l'un de ses angles.* (Fig. 2.)

Pour fixer les idées, soit à diviser le triangle ABC en quatre parties proportionnelles aux nombres 3, 5, 7, 8, par des droites aboutissant au sommet C. Partageons le côté opposé AB en quatre parties AD, DE, EF, FB proportionnelles aux nombres donnés 3, 5, 7, 8, et tirons DC, EC, FC. Les triangles ACD, DCE, ECF, FCB, ayant même sommet C, et leurs bases sur une même droite AB, ont même hauteur, et sont par conséquent dans le même rapport que leurs bases, c'est à dire dans le rapport des nombres 3, 5, 7, 8.

COROLLAIRE. — Si les parts devaient être équivalentes, il faudrait diviser la base **AB** en segments égaux et joindre leurs extrémités au sommet C.

4. *Diviser un triangle en quatre parties équivalentes par des lignes issues des angles A et B.* (Fig. 3.)

On mesurera AE et l'on en prendra le quart, qu'on portera de E vers A, en D et en C. Les triangles CBD, DBE, valant chacun la quatrième partie de ABE, formeront les deux premières parts.

Le triangle restant ABC, qui égale $\frac{ABE}{2}$, sera divisé en deux parties égales par une ligne AF, qu'on tirera du sommet A au milieu de la base BC, et le problème sera résolu.

5. *Partager un champ-triangle entre trois héritiers, de manière à ce que les parts forment trois triangles équivalents, ayant pour bases les côtés du triangle, et pour sommet commun un point situé dans l'intérieur.* (Fig. 4.)

Divisons l'un des côtés, AC par exemple, en trois parties égales, et tirons BD, BE, qui déterminent trois triangles équivalents (*Corollaire du nº 3*). Par les points D, E, menons DO parallèlement à BA, et EO parallèlement à BC. Le point de rencontre O (*) sera le point demandé.

(*) Ainsi qu'il sera dit au nº 12, où se trouve la solution générale de ce problème, le point O coïncide avec le point d'intersection de deux droites tirées du sommet de deux angles du triangle au milieu du côté opposé.

En effet, les triangles ABD, ABO ont même base et même hauteur : donc ils sont équivalents, et ABO est le tiers du triangle ABC.

Pareillement BOC = BEC, c'est à dire le tiers de ABC. Il suit de là que le triangle AOC, différence entre ABC et ses deux tiers, est la troisième partie.

REMARQUE. — Sur le terrain, on trace facilement des parallèles à une droite avec l'équerre d'arpenteur. Pour cela, on abaisse sur AB la perpendiculaire DF, et l'on revient en D mener une droite DO qui fasse avec la précédente un angle droit ; la ligne DO est alors parallèle à AB, puisque *deux droites situées dans un même plan et perpendiculaires à une troisième sont parallèles entre elles.*

La ligne EO s'obtiendrait d'une manière analogue à l'aide d'une perpendiculaire abaissée du point E sur BC.

Le procédé que nous venons d'indiquer, étant général et commode, sera fréquemment employé dans la pratique. A l'avenir, nous nous dispenserons de le rappeler.

6. *Partager un triangle en plusieurs parties équivalentes par des droites menées d'un point pris sur son périmètre.* (Fig. 5.)

Soit O le point donné et trois le nombre de parties qu'il s'agit d'obtenir. Tirons CO et partageons BD en trois segments égaux BH, HI, ID ; conduisons HF, IE parallèlement à CO, et menons les lignes OF, OE : ce sont les divisoires demandées.

En effet, BFO = BCH, tiers de BCD, car ces triangles ont une partie commune BFH, et les triangles complémentaires **HFC** et **HOF** sont équivalents, comme ayant même base **FH** et leurs sommets sur une parallèle à cette base : donc **BFO** est le tiers du triangle **BCD**.

On démontrera de la même manière que **OED** équivaut à **ICD**, et que le quadrilatère restant **CFOE** est la troisième partie.

7. *Diviser un triangle ABE en trois parties égales à partir des points C et D. (Fig. 6.)*

On calculera la surface S du triangle de manière à ce que les lignes chaînées soient utilisées pour la décomposition en parcelles.

Dans ce but, on jalonnera le triangle en **A**, **C**, **B**, **D**, **E**, et on abaissera les perpendiculaires **DI**, **BG**, **CJ**, dont la trace sera indiquée, sur le terrain, par des jalons en **I**, **G**, **J** ; ensuite on mesurera les segments de base **AJ**, **JG**, **GI**, **IE**, ainsi que la hauteur **BG**, ce qui permettra d'obtenir la surface du triangle.

Cela fait, on déterminera la longueur des perpendiculaires **CJ** et **DI**.

Les triangles semblables **ACJ**, **ABG**, donnent

$$\frac{CJ}{BG} = \frac{AJ}{AG},$$

d'où l'on tire

$$CJ = \frac{AJ \times BG}{AG},$$

La similitude des triangles **EDI**, **EBG** fournit aussi

$$\frac{DI}{BG} = \frac{EI}{EG},$$

d'où l'on déduit

$$DI = \frac{EI \times BG}{EG}.$$

CJ et DI étant connues, on divisera $\frac{S}{3}$, valeur de chaque partie, par $\frac{CJ}{2}$ et $\frac{DI}{2}$, afin de connaître les bases AF et HE des triangles ACF, HDE. Les quotients respectifs seront portés de A en F, de E en H, et le triangle ABE sera divisé conformément à l'énoncé.

REMARQUE. — S'il arrivait que la somme des quotients précités fût supérieure à la base AE (Fig. 7), il faudrait retrancher l'un des quotients, EH, par exemple, de AE, afin de pouvoir calculer la surface du triangle ACH, qui alors serait plus petit que $\frac{S}{3}$. On abaisserait ensuite une perpendiculaire CP sur la première ligne séparative DH, et l'on diviserait $\frac{S}{3}$—ACH, c'est à dire la surface du triangle CRH qui nous manque, par $\frac{CP}{2}$. Le quotient, ou la base HR, serait porté de H vers D, en R, et le triangle serait partagé.

8. *Diviser le triangle ADG en trois parties équivalentes à partir des points B et C pris sur le côté AD.* (Fig. 8.)

Comme plus haut, je détermine les pieds H, E, F des perpendiculaires BH, CE, DF. La dernière seule étant utile pour l'évaluation de la surface S, je la chaîne, ainsi que les segments de base AH, HE, EF, FG, et je calcule BH et CE.

Les triangles semblables ABH, ACE, ADF donnent les égalités suivantes :

$$\frac{BH}{DF}=\frac{AH}{AF}, \quad \frac{CE}{DF}=\frac{AE}{AF};$$

d'où l'on tire

$$BH = \frac{AH \times DF}{AF}, \quad CE = \frac{AE \times DF}{AF}.$$

Puisque la première portion doit aboutir en B, elle a évidemment la forme d'un triangle, dont BH est la hauteur; donc en divisant $\frac{S}{3}$ par $\frac{BH}{2}$, j'obtiendrai la base AJ, que je porterai, sur le terrain, de A vers G jusqu'en J, et le triangle ABJ sera la première partie.

Pour la deuxième, j'observe qu'en la réunissant à la première, je forme un triangle ACI, dont CE est la hauteur. Donc en divisant $\frac{2S}{3}$, valeur des deux premières portions, par $\frac{CE}{2}$, j'aurai la base AI; l'excès JI de cette base sur AJ sera porté de J vers G jusqu'en I, et le quadrilatère JBCI, différence des triangles ACI et ABJ, sera la deuxième partie.

Il est visible que la troisième se compose du quadrilatère restant ICDG.

La méthode que nous venons d'employer est loin d'être générale, car les points B et C peuvent être placés sur AD de manière qu'il soit impossible d'établir les portions dans la direction de l'un des côtés DG. Mais le géomètre aura bientôt levé cette difficulté, en appliquant le principe suivant, qui joue un grand rôle dans l'art de diviser les terres : *Trouver la base d'un triangle dont on connaît la surface et la hauteur*.

9. Soit, pour premier exemple, le triangle obtusangle ACD (Fig. 9). B et K étant les points d'où partiront les

portions qu'il faut déterminer, il est clair que nous perdrions un temps précieux en calculant les perpendiculaires abaissées des points B et K sur AD, d'autant plus que la deuxième n'entrera pour rien dans la division proposée, ce qu'on devine à l'aspect de la figure. C'est pourquoi, lors de l'évaluation de la surface S du triangle ACD, nous ne mesurons plus les segments AH, HD, DE, mais uniquement la base AD et la hauteur CE.

Revenons à notre division et cherchons d'abord la surface du triangle ABD, que nous obtiendrons facilement après avoir mesuré la hauteur BH. Cette surface étant trouvée plus petite que $\frac{S}{3}$, nous la compléterons en y ajoutant le triangle DBF, dont la contenance égale $\frac{S}{3}$—ABD. Comme la hauteur BL du triangle BDF ne peut être déduite de la combinaison des lignes connues, nous abaisserons sur DC prolongée et nous chaînerons la perpendiculaire BL, par la moitié de laquelle nous diviserons DBF. Nous porterons ensuite le quotient de D vers C, en F, et le quadrilatère ABFD sera la première part.

Pour la deuxième, nous abaisserons du point K la perpendiculaire KJ, et nous diviserons $\frac{S}{3}$ par $\frac{KJ}{2}$: le quotient, porté de B vers F jusqu'en I, nous donnera le triangle BKI pour la deuxième part.

La troisième sera le quadrilatère restant IKCF.

10. Autre exemple. (Fig. 10.) — Soit encore un triangle ABD à diviser en trois portions égales à partir des points P et V.

Nous calculerons d'abord la surface S du triangle, dont le tiers, ou $\frac{S}{3}$, sera divisé par la moitié des perpendiculaires PH, VE, abaissées des points P et V sur les côtés AD, BD. Les quotients, représentant les bases AG, BF des triangles APG, BVF, qui forment les deux premières portions, seront reportés sur le terrain de A vers D, en G, et de B vers D, en F.

La troisième portion se composera évidemment du pentagone restant PVFDG.

11. *Diviser le triangle ABC en trois parties équivalentes, de manière que chacune d'elles aboutisse à un puits commun ou à une fontaine située en O. (Fig. 11.)*

Admettons qu'on ait évalué l'aire S du triangle ABC, dont le tiers égale $\frac{S}{3}$. Commençant arbitrairement l'opération, on mesurera le triangle ABO, qu'on trouvera plus petit que $\frac{S}{3}$, de sorte que pour le compléter, il faudra y ajouter un triangle BOF, d'une contenance égale à $\frac{S}{3}$—ABO. Divisant la surface de ce triangle par la moitié de la perpendiculaire OH, abaissée sur CB, on aura la base BF, que l'on portera de B vers C, en F, et le quadrilatère ABFO sera la première part.

Pour obtenir la deuxième, on divisera $\frac{S}{3}$ par la moitié de la perpendiculaire DO, qu'on abaissera du point O sur

AC. Portant le quotient de A vers C, en E, on aura le triangle AOE pour la deuxième part.

La troisième part se composera du quadrilatère restant EOFG.

12. *Diviser le triangle ABC en trois parties proportionnelles aux nombres* m, n, p, *au moyen de lignes menées des sommets à un même point intérieur* O. (Fig. 12.)

Supposons le problème résolu et les lignes séparatives prolongées respectivement jusqu'en D, E, F.

D'après l'énoncé, on a

$$\frac{COB}{ABO} = \frac{m}{n} \tag{1}$$

et

$$\frac{ABO}{AOC} = \frac{n}{p}.$$

On a de plus

$$\frac{DBC}{ABD} = \frac{DC}{AD}, \tag{2}$$

$$\frac{DOC}{AOD} = \frac{DC}{AD},$$

car les triangles qui ont même hauteur sont dans le même rapport que leurs bases. Mais à cause du rapport commun, on peut écrire

$$\frac{DBC}{ABD} = \frac{DOC}{AOD};$$

d'où l'on tire

$$\frac{DBC - DOC}{ABD - AOD} = \frac{DBC}{ABD},$$

ou

$$\frac{COB}{ABO} = \frac{DBC}{ABD}. \tag{3}$$

Comparant les égalités (1), (2) et (3), il en résulte

$$\frac{COB}{ABO}=\frac{DC}{AD}=\frac{m}{n},$$

équation qui démontre que pour obtenir le point D, il faut mesurer et diviser AC en deux parties DC, AD proportionnelles aux nombres m et n.

On prouverait de la même manière que le point F sera déterminé par l'équation

$$\frac{BF}{FC}=\frac{n}{p}.$$

Les points D, F étant trouvés, on tracera les lignes DB, FA, et l'on joindra leur point de concours O au sommet C, ce qui limitera les triangles ABO, AOC, COB.

COROLLAIRE. — Si les trois parties devaient être équivalentes, les points D et F seraient les milieux des côtés AC, CB. D'après cela, on voit que le problème résolu d'une manière spéciale au n° 5 n'est qu'un cas particulier de celui-ci.

REMARQUE. — Pour diviser numériquement une ligne donnée en parties proportionnelles à deux nombres quelconques, il est indispensable de connaître les théorèmes d'arithmétique ci-dessous démontrés.

1° *Etant donnés deux rapports égaux, on peut, sans troubler l'égalité, augmenter ou diminuer le numérateur de chaque rapport de son dénominateur.*

En effet, si $\frac{a}{b}=\frac{c}{d}$, évidemment $\frac{a}{b}\pm1=\frac{c}{d}\pm1$; c'est à dire $\frac{a\pm b}{b}=\frac{c\pm d}{d}$, puisque l'unité égale $\frac{b}{b}$ et $\frac{d}{d}$.

2° *En renversant deux rapports égaux, on obtient deux rapports égaux entre eux.*

3

Si $\frac{a}{b} = \frac{c}{d}$, évidemment $1 : \frac{a}{b} = 1 : \frac{c}{d}$, ou, multipliant l'unité par la fraction diviseur renversée, $\frac{b}{a} = \frac{d}{c}$.

En appliquant ces principes à la division de notre triangle, on trouvera successivement

$$\frac{DC + AD}{AD} = \frac{m+n}{n}, \qquad \frac{AD}{DC + AD} = \frac{n}{n+m},$$

d'où l'on tire $\qquad AD = \frac{n \times AC}{m+n}.$

13. *Diviser le triangle ABC, dont on connaît l'aire S et le côté AB, en deux parties proportionnelles à des nombres donnés* m *et* n, *au moyen d'une parallèle au côté AC.* (Fig. 13.)

Soit DE la parallèle cherchée ; on devra avoir

$$\frac{DBE}{ADEC} = \frac{m}{n} ;$$

d'où résulte $\qquad \dfrac{DBE}{DBE + ADEC} = \dfrac{m}{m+n},$

ou $\qquad \dfrac{DBE}{ABC} = \dfrac{m}{m+n}.$

Mais les triangles DBE et ABC sont semblables ; par conséquent on a aussi

$$\frac{DBE}{ABC} = \frac{\overline{BD}^2}{\overline{AB}^2}.$$

Comparant cette équation à la précédente, on en déduit

$$\frac{\overline{DB}^2}{\overline{AB}^2} = \frac{m}{m+n},$$

d'où l'on tire $\qquad DB = \sqrt{\dfrac{m \times \overline{AB}^2}{m+n}}.$

La ligne DB étant connue, on la reportera sur le terrain

de B vers A, en D, et l'on tracera avec l'équerre la parallèle DE, ce qui achèvera le problème.

14. *Diviser un triangle en quatre parties équivalentes par des lignes parallèles à l'un des côtés AC.* (Fig. 14.)

Nommons S la surface du triangle ABC, arpenté en prenant AC pour base et $BD = h$ pour hauteur. Les lignes divisoires EF, GH, IJ devant être parallèles à AC, seront nécessairement perpendiculaires à la hauteur DB, de sorte que si nous déterminons les distances DK, KL, LM, nous pourrons facilement opérer la séparation des parcelles.

Les triangles ABC, EBF étant semblables, nous avons

$$\frac{\overline{BK}^2}{\overline{DB}^2} = \frac{EBF}{ABC},$$

ou, remplaçant $\overline{DB}^2$, EBF et ABC par leur valeur et réduisant

$$\frac{\overline{BK}^2}{h^2} = \frac{3}{4},$$

d'où l'on tire

$$BK = \frac{\sqrt{3h^2}}{2}.$$

Retranchant BK de BD, nous aurons DK ou la hauteur du trapèze AEFC, première part.

Pour obtenir KL, nous poserons

$$\frac{\overline{BL}^2}{\overline{BD}^2} = \frac{GBH}{ABC},$$

c'est à dire

$$\frac{\overline{BL}^2}{h^2} = \frac{1}{2};$$

d'où l'on déduit

$$BL = \sqrt{\frac{h^2}{2}} = \frac{\sqrt{2h^2}}{2}.$$

Par suite,   KL = KB—LB.

Cherchant enfin ML d'après le même procédé, il ne restera plus qu'à se transporter le long de BD pour reporter les longueurs DK, KL, LM, et à indiquer les points K, L, M, où l'on élèvera les perpendiculaires EF, GH, IJ, qui limiteront les parties demandées.

On opèrera d'une manière analogue pour un triangle obtusangle et pour le cas où les contenances partielles doivent être d'inégale grandeur ou proportionnelles à des nombres déterminés.

15. *Décomposer en portions égales une coupe de taillis de forme triangulaire.* (Fig. 15.)

Soit ABC le triangle donné et p son demi-périmètre. Comme il est inaccessible, ainsi que le terrain adjacent, on ne peut obtenir directement la hauteur DB et la surface S, indispensables pour la division. Mais de petites *laies* (*) séparatives étant toujours, en pareil cas, ouvertes dans les directions AB, BC, CA, on en prendra la longueur exacte et l'on évaluera S, qui égale, d'après le théorème n° 1, la racine carrée du produit p $(p$—AC) $(p$—AB) $(p$—BC). Puis on divisera S par $\frac{AC}{2}$ afin de déterminer DB, et de déduire les segments de base AD, DC des triangles rectangles ABD et DBC, qui donnent

---

(*) Petite route établie dans un bois aménagé, et sur laquelle les coupes et les portions aboutissent. La laie principale, beaucoup plus large que les autres, porte le nom de *laie sommière* ou simplement de *sommière*.

$$AD = \sqrt{\overline{AB}^2 - \overline{DB}^2},$$
$$DC = \sqrt{\overline{BC}^2 - \overline{DB}^2}.$$

La hauteur et les bases AD, DC des triangles ABD, DBC étant connues, on en calculera les surfaces m et m', et on les décomposera parallèlement à BD, ce qui ramènera la question à celle du n° 14, sauf une légère modification que nous allons indiquer.

Cela posé, déterminons les hauteurs AE, EF, FG.... des n portions de bois dont les filets ou *brisées* (*) de séparation EL, FM, GQ.... sont constamment, dans la pratique, perpendiculaires à la *sommière* AC.

Les brisées à gauche de DB forment des triangles semblables à ABD, lequel contient, outre un certain nombre de portions, probablement un reste $JNBD < \frac{S}{n}$; nous pouvons donc écrire

$$\frac{ALE}{ABD} = \frac{\overline{AE}^2}{\overline{AD}^2}, \quad \frac{AMF}{ABD} = \frac{\overline{AF}^2}{\overline{AD}^2}, \quad \frac{AQG}{ABD} = \frac{\overline{AG}^2}{\overline{AD}^2}, \quad \text{etc.}$$

Les portions devant être égales, d'après l'énoncé, ces rapports peuvent être remplacés par les suivants :

$$\frac{S}{n \times m} = \frac{\overline{AE}^2}{\overline{AD}^2}, \quad \frac{2S}{n \times m} = \frac{\overline{AF}^2}{\overline{AD}^2}, \quad \frac{3S}{n \times m} = \frac{\overline{AG}^2}{\overline{AD}^2}, \quad \text{etc.,}$$

(*) Petites ouvertures faites dans un bois pour jalonner et pour donner passage aux porte-chaînes et aux marchands. — Dans les forêts du gouvernement, ces brisées n'ont guère moins d'un mètre de largeur. Les particuliers, dans la vue de ne pas perdre beaucoup de bois (le bois provenant des brisées appartient au garde), donnent aux brisées une largeur de 0^m, 40^c.

d'où l'on tire

$$AE = \sqrt{\frac{S \times \overline{AD}^2}{n \times m}}, \quad AF = \sqrt{\frac{2S \times \overline{AD}^2}{n \times m}}, \quad AG = \sqrt{\frac{3S \times \overline{AD}^2}{n \times m}}.$$

AE, AF, AG,.... étant obtenues, on aura, par de simples soustractions, EF, FG,.... et JD. Quant à CK, KP et PD, hauteur du trapèze DBOP qui complète le trapèze JNBD, on les déterminera d'une manière analogue à l'aide du triangle BDC. Enfin, on reportera le résultat des calculs de A vers C, en E, F, G, H, I, J, P, K, où l'on plantera des piquets, et on terminera l'opération en indiquant la trace des brisées EL, FM, GQ,.... que le garde doit ouvrir perpendiculairement à AC, ce qui se fera en mettant un jalon dans la direction de chacune d'elles, à huit ou dix mètres de AC, distance nettement appréciable au travers de la basse futaie.

Remarque. — On pourrait encore décomposer le triangle ABC en parcelles équivalentes, ou ayant entre elles des rapports donnés, par des lignes parallèles au côté BC. La comparaison des triangles semblables suffirait, en effet, pour obtenir les extrémités des lignes divisoires le long de AC et de AB ; mais il est préférable d'opérer comme ci-dessus, surtout quand il s'agit de subdiviser les coupes de bois pour une vente publique.

CHAPITRE II.

—

DIVISION DES QUADRILATÈRES.

—

§ I. DIVISION DU PARALLÉLOGRAMME, DU CARRÉ ET DU RECTANGLE.

Il existe bien peu de possessions champêtres qui soient des carrés, des rectangles ou des parallélogrammes. Néanmoins, comme on peut en former à volonté dans l'intérieur d'une grande pièce de terre, pour les besoins de certaines cultures sarclées, ou dans un bois aménagé, nous allons dire un mot de leur division, qui ne présente d'ailleurs aucune difficulté.

16. *Diviser le parallélogramme ABCD en quatre parties proportionnelles aux nombres* a, b, c, d. (Fig. 16.)

Partageons numériquement l'une des bases, BC par exemple, en quatre parties proportionnelles à a, b, c, d, et reportons le résultat de nos calculs de B vers C et de A vers D ; puis tirons EH, FI, GJ : les parallélogrammes partiels ABEH, HEFI, IFGJ, JGCD, ayant même hauteur, seront entre eux comme leurs bases, c'est à dire dans le rapport des nombres a, b, c, d.

COROLLAIRE I.—Le rectangle et le carré étant des parallé-

logrammes, se décomposeront pareillement en parties proportionnelles à des quantités déterminées.

COROLLAIRE II. — Si les parts devaient être équivalentes,
il faudrait tout simplement diviser les côtés parallèles en un
même nombre de parties égales.

REMARQUE. — Si **AB** et **BC** ont approximativement la
même longueur, et qu'on demande un nombre pair de parties égales, on pourra d'abord diviser la figure en deux par
la jonction des milieux de **BA** et de **DC**, puis chacun des
parallélogrammes obtenus en autant de parties qu'il sera
nécessaire.

17. *Diviser le parallélogramme ABCD en cinq parties
équivalentes par des droites tracées des points E,
F, G, H pris sur le côté BC.* (Fig. 17.)

Supposons le problème résolu.

Les trapèzes **ABEI, IEFJ, JFGK, KGHL, LHCD**, ayant
même hauteur, doivent nécessairement avoir pour somme
de leurs bases le cinquième de **BC+AD**. Par conséquent,
si de $\frac{BC+AD}{5}$ on retranche successivement les longueurs
BE, EF, FG, GH, HC, les restes obtenus représenteront les
bases **AI, IJ, JK, KL, LD**, qu'on reportera, sur le terrain,
de A vers D, en I, J, K, L, et la division sera terminée.

COROLLAIRE. — Le même mode de division s'appliquera
au carré et au rectangle.

Comme il serait contraire au bon sens de décomposer ces
figures en parcelles aboutissant à un point situé sur un
côté ou dans l'intérieur, nous passerons immédiatement au
partage des trapèzes.

§ II. DIVISION DU TRAPÈZE.

18. *Diviser le trapèze ABCD en trois parties propor-*
tionnelles aux nombres 5, 6, 7, par des droites qui
coupent les deux bases. (Fig. 18.)

Supposons que les lignes séparatives GE, HF divisent
les bases AB, DC proportionnellement aux nombres 5, 6, 7.

Les trapèzes DAEG, GEFH, HFBC, ayant même hauteur,
sont évidemment dans le même rapport que les sommes
de leurs bases. Or, d'après la manière dont AB et DC ont
été divisés, on a

$$AE + DG = \frac{5}{18} \times AB + \frac{5}{18} \times DC = \frac{5}{18}(AB + DC),$$

$$EF + GH = \frac{6}{18} \times AB + \frac{6}{18} \times DC = \frac{6}{18}(AB + DC),$$

$$FB + HC = \frac{7}{18} \times AB + \frac{7}{18} \times DC = \frac{7}{18}(AD + DC);$$

d'où l'on tire

$$\frac{AE + DG}{EF + GH} = \frac{5}{6}, \qquad \frac{EF + GH}{FB + HC} = \frac{6}{7}.$$

Donc les sommes des bases des trapèzes partiels sont
dans le rapport des nombres 5, 6, 7; donc les trapèzes
eux-mêmes sont dans le rapport de ces nombres.

COROLLAIRE.— Si les parts devaient être équivalentes, il
suffirait de diviser les bases parallèles en un même nombre
de parties égales.

19. *Diviser le trapèze ABCD en cinq parties équiva-*
lentes à partir des points E, F, G, H, pris arbitrai-
rement sur la base BC. (Fig. 19.)

Les trapèzes partiels devant être équivalents et ayant

même hauteur, ont des sommes de bases de même valeur. D'après cela, si de $\frac{AD+BC}{5}$ on retranche successivement les longueurs BE, EF, FG, GH, HC, on déterminera les bases inconnues AI, IJ, JK, KL, LD, qu'il ne restera plus qu'à reporter de A vers D, en I, J, K, L.

REMARQUE.—La ligne MN, qui joint les milieux des côtés non parallèles, a la propriété de représenter la demi-somme des bases du trapèze ABCD et des trapèzes partiels. En conséquence, si on la divise en cinq parties égales et qu'on joigne chacun des points de division aux points correspondants de BC, on aura déterminé la direction des divisoires demandées.

20. *Diviser un trapèze en six parties équivalentes par des lignes parallèles à l'un des côtés adjacents aux bases*. (Fig. 20.)

Appelons S la surface du trapèze ABCD, arpenté par les procédés ordinaires, c'est à dire en mesurant les bases AD, BC et la hauteur CO. Proposons-nous de le diviser parallélement à BA. Les portions à obtenir étant des parallélogrammes, à l'exception des dernières, nous diviserons $\frac{S}{6}$, valeur de l'une d'elles, par CO, et nous aurons la base p des parallélogrammes ABEI, IEFJ, JFGK, KGHL, dont le nombre est d'ailleurs égal au quotient de la division de BC par p. Soit quatre, dans le cas actuel, avec un reste $HC < p$. Nous avons encore le trapèze LHCD à partager selon les conditions précitées. Mais comme il renferme deux portions, et que la sixième PND est un triangle semblable à CMD, différence entre S et le parallélogramme ABCM, formé en menant CM parallèlement à **BA**, nous pouvons écrire

$$\frac{\overline{PD}^2}{\overline{DM}^2} = \frac{NPD}{CMD};$$

d'où l'on déduit

$$PD = \sqrt{\frac{NPD \times \overline{DM}^2}{CMD}}.$$

La ligne PD étant connue, on cherchera LP, qui égale AD—(4p+PD), puis on se transportera sur les bases BC, AD pour reporter la longueur p de B vers C et de A vers D, en E, F, G, H, I, J, K, L. On achèvera le problème en plaçant LP à la suite du point L et en menant à LH une parallèle PN.

REMARQUE. — Sans rien changer aux calculs précédents, on pourrait ne déterminer que les points E, F, G, H et P, par lesquels on mènerait avec l'équerre des parallèles au côté BA, c'est à dire des perpendiculaires à une droite qui ferait un angle droit avec la ligne BA.

24. *Diviser le trapèze ABCD en sept parties équivalentes par des lignes perpendiculaires aux bases.* (Fig. 24.)

Soit S la surface du trapèze, H sa hauteur et $\frac{S}{7}$ la valeur de chaque part. Calculons d'abord la surface du triangle ABE, qu'on trouvera plus petite que $\frac{S}{7}$, et complétons-la par le rectangle EBFO, dont la contenance équivaut à $\frac{S}{7}$—ABE; calculons de même la hauteur BF, qui égale le quotient de la division de $\frac{S}{7}$—ABE par H. Déterminons ensuite la valeur et le nombre des portions rectangulaires qui suivent. FG égalant $\frac{S}{7H}$, il est évident que nous aurons autant de rectangles que FC contient de fois FG, c'est à dire trois avec un excédant IC. Le trapèze restant ICDN, valant encore $\frac{3S}{7}$, nous en détacherons le rectangle ICPN, afin de connaître la surface du triangle PCD, lequel est semblable aux triangles RSD, JKD, qui forment les dernières parts et donnent

$$\frac{\overline{JD}^2}{\overline{PD}^2} = \frac{JKD}{PCD}, \qquad \frac{\overline{RD}^2}{\overline{PD}^2} = \frac{RSD}{PCD};$$

d'où l'on tire

$$JD = \sqrt{\frac{JKD \times \overline{PD}^2}{PCD}}, \qquad RD = \sqrt{\frac{RSD \times \overline{PD}^2}{PCD}}.$$

Par suite $\qquad\qquad JR = JD - RD$.

Reportant maintenant sur le terrain le résultat général des calculs de B vers C, en F, G, H, I, et de D vers A, en R, J, nous n'aurons plus qu'à élever les perpendiculaires FO, GL, HM, IN, JK, RS, et l'opération sera terminée.

REMARQUE.—Si aucune des lignes séparatives ne rencontrait les côtés AB et CD, on opérerait plus simplement la division en joignant le milieu de ceux-ci par la droite qui représente la demi-somme des bases (*Remarque n° 19*). On partagerait ensuite cette droite en un certain nombre de parties égales, et on mènerait des perpendiculaires aux bases par les points de division, ce qui limiterait les trapèzes demandés.

22. *Diviser le trapèze ABFE, dont on connaît l'aire et les bases, en deux parties proportionnelles aux*

nombres m *et* n, *par une ligne CD parallèle aux bases.* (Fig. 22.)

Le problème étant supposé résolu, cherchons à déterminer la divisoire CD, afin de pouvoir calculer la hauteur de l'un des trapèzes partiels.

Pour cela, prolongeons les côtés non parallèles jusqu'à leur rencontre en O. La similitude des triangles AOB, EOF, COD donne

$$\frac{AOB}{EOF} = \frac{\overline{AB}^2}{\overline{EF}^2}, \qquad \frac{COD}{EOF} = \frac{\overline{CD}^2}{\overline{EF}^2},$$

ou (*Remarque du n° 12*)

$$\frac{AOB - EOF}{EOF} = \frac{\overline{AB}^2 - \overline{EF}^2}{\overline{EF}^2}, \qquad \frac{COD - EOF}{EOF} = \frac{\overline{CD}^2 - \overline{EF}^2}{\overline{EF}^2}.$$

Divisant de part et d'autre par $\overline{AB}^2 - \overline{EF}^2$, puis multipliant par EOF, pour la première égalité, et faisant des transformations analogues pour la seconde, on obtient

$$\frac{AOB - EOF}{\overline{AB}^2 - \overline{EF}^2} = \frac{EOF}{\overline{EF}^2}, \qquad \frac{COD - EOF}{\overline{CD}^2 - \overline{EF}^2} = \frac{EOF}{\overline{EF}^2}.$$

La comparaison de ces deux équations permet d'écrire

$$\frac{AOB - EOF}{\overline{AB}^2 - \overline{EF}^2} = \frac{COD - EOF}{\overline{CD}^2 - \overline{EF}^2},$$

d'où l'on déduit

$$\frac{AOB - EOF}{COD - EOF} \quad \text{ou} \quad \frac{AEFD}{CEFD} = \frac{\overline{AB}^2 - \overline{EF}^2}{\overline{CD}^2 - \overline{EF}^2}. \qquad (1)$$

L'énoncé fournit d'ailleurs

$$\frac{ACDB}{CEFD} = \frac{m}{n}, \quad \text{ou bien} \quad \frac{AEFB}{CEFD} = \frac{m+n}{n}. \qquad (2)$$

Les premiers membres des équations (1) et (2) étant

égaux, on a $$\frac{\overline{AB}^2-\overline{EF}^2}{\overline{CD}^2-\overline{EF}^2}=\frac{m+n}{n},$$

d'où résulte

$$(\overline{CD}^2-\overline{EF}^2)\,(m+n)=(\overline{AB}^2-\overline{EF}^2)\,n,$$

c'est à dire

$$\overline{CD}^2\,(m+n)-m\times\overline{EF}^2-n\times\overline{EF}^2=n\times\overline{AB}^2-n\times\overline{EF}^2.$$

De là on tire, après réduction,

$$CD=\sqrt{\frac{m\times\overline{EF}^2+n\times\overline{AB}^2}{m+n}}. \qquad (a)$$

CD étant connue, il ne reste plus qu'à diviser la surface du trapèze ACDB par $\frac{CD+AB}{2}$, et à porter le quotient sur une perpendiculaire quelconque GH, de G en I, point par lequel on mènera la parallèle CD.

APPLICATION. — Supposons que l'on ait $EF=8$; $AB=11$; $m=5$; $n=4$; il viendra

$$CD=\sqrt{\frac{64\times5+121\times4}{5+4}}=\sqrt{\frac{804}{9}}=\sqrt{89.3333}=9^m,45.$$

Le reste de l'opération n'est pas embarrassant.

COROLLAIRE. — Si les deux parties du trapèze devaient être équivalentes, on aurait $m=1$ et $n=1$. Alors la formule ci-dessus donnerait

$$CD=\sqrt{\frac{\overline{EF}^2+\overline{AB}^2}{2}}.$$

REMARQUE. — La formule (a) précédemment obtenue peut encore servir à partager un trapèze en n parties équivalentes par des lignes parallèles aux bases, puisque chacune des divisoires dont on veut la longueur décompose la figure en deux trapèzes proportionnels aux nombres de parties qu'ils contiennent. Mais afin de simplifier notre formule et de la rendre plus pratique, nous allons traiter cette question d'une manière générale.

23. *Diviser un trapèze en un nombre quelconque de parties équivalentes par des lignes parallèles aux bases.* (Fig. 23.)

Soit **AEFB** le trapèze donné, a le nombre de parties équivalentes, h la hauteur IE, B la grande base AB, et b la petite EF. Proposons-nous d'abord la recherche d'une formule générale qui permette d'exprimer toutes les lignes séparatives en fonction des bases B et b.

A cet effet, menons l'une CD des divisoires et nommons-la x pour la simplicité des calculs.

Le trapèze CEFD, pouvant contenir un nombre n de parties, est au trapèze AEFB dans le rapport des nombres n à à a, c'est à dire que

$$\frac{\text{CEFD}}{\text{AEFB}} = \frac{n}{a}.$$

Mais leurs aires égalant respectivement

$$\frac{(CD+EF)}{2} \times JE = \frac{(x+b)}{2} \times JE,$$

$$\frac{(AB+EF)}{2} \times IE = \frac{(B+b)}{2} \times h,$$

on a $\qquad \dfrac{(x+b) \times JE}{(B+b)\, h} = \dfrac{n}{a}.$ \hfill (1)

D'autre part, si l'on mène EG parallèlement à FB, on aura deux triangles semblables ECH, EAG qui donneront

$$\frac{JE}{IE} = \frac{CH}{AG} \quad \text{ou} \quad \frac{JE}{h} = \frac{x-b}{B-b},$$

d'où l'on tirera $\quad JE = \dfrac{h\,(x-b)}{B-b}$.

Portant cette valeur dans l'équation (1) et réduisant, il vient $\quad \dfrac{(x+b)\,(x-b)}{(B+b)\,(B-b)} = \dfrac{n}{a}$,

ou, d'après un principe connu,

$$\frac{x^2 - b^2}{B^2 - b^2} = \frac{n}{a}.$$

De là on déduit enfin

$$x = \sqrt{\,b^2 + \frac{n}{a}\,(B^2 - b^2)}.$$

Cette formule permet d'obtenir les lignes divisoires et par suite les hauteurs des trapèzes partiels dont les bases auront été calculées. On achèvera le problème en reportant ces hauteurs de I vers E et en élevant à leurs extrémités des perpendiculaires qui limiteront les parties demandées.

APPLICATION. — Supposons qu'il s'agisse de diviser le trapèze AEFB en quatre parties égales et que l'on ait $B = 80$, $b = 50$, $h = 30$. Les trois divisoires, que nous nommons x, x', x'', seront

$$x = \sqrt{\,50^2 + \frac{3}{4}\,(80^2 - 50^2)} = 73^m,65.$$

$$x' = \sqrt{\,50^2 + \frac{2}{4}\,(80^2 - 50^2)} = 66^m,70.$$

$$x'' = \sqrt{\,50^2 + \frac{1}{4}\,(80^2 - 50^2)} = 58^m,94.$$

Les hauteurs des trapèzes partiels s'obtiendront en divisant le quart de la surface totale par la demi-somme des bases de chacun d'eux.

§ III. DIVISION DES QUADRILATÈRES PROPREMENT DITS.

Les domaines cultivés ou transmis par succession composent une classe nombreuse de quadrilatères irréguliers qu'il importe de savoir décomposer de bien des manières, afin de satisfaire aux exigences des fermiers et des copropriétaires. Les procédés par tâtonnements approximatifs ne permettant jamais d'atteindre le but qu'on se propose, nous emploierons, dans la plupart des divisions suivantes, une méthode nouvelle dont on appréciera la rigoureuse exactitude. Son principal mérite, selon nous, consiste en ce que l'on peut déduire les longueurs inconnues des *mesures effectives*, c'est à dire des lignes données ou chaînées pour l'évaluation de la surface à partager.

24. *Partager le quadrilatère ABDC en quatre parties équivalentes par des lignes tirées de l'angle A, où se trouve un puits qui doit rester commun. (Fig. 24.)*

Tirons la diagonale CB; divisons sa longueur en quatre parties égales, et joignons les points de division E, O, P aux points A et D.

Il est évident que les polygones ABDP, APDO, AODE, AEDC sont équivalents comme composés de triangles équivalents; mais la forme qu'ils présentent rendant les labours difficiles, il importe, dans l'intérêt des cultivateurs, de les transformer en d'autres plus réguliers et de même valeur.

Pour ce faire, menons la diagonale AD, et, à cette dernière, les parallèles PH, OG, EF, qui rencontrent les côtés BD et DC aux points H, G, F. Joignant ces points au sommet de l'angle A, on aura les triangles ABH, AHG, AFC et le quadrilatère AGDF pour les parties demandées.

En effet, le triangle ABD=ABDP+APD. Or, le triangle APD=AHD; donc, en retranchant AHD de ABD, le reste

5

ABH équivaudra à DBAP, et sera le premier quart du quadrilatère proposé.

De même, AHD ou mieux son égal APD $=$ APDO $+$ AOD; mais AOD $=$ AGD; donc AHD $-$ AGD, c'est à dire AHG, équivaut à DPAO et forme le deuxième quart.

Des raisonnements analogues démontreront que AGDF et AFC représentent le troisième et le quatrième quart du quadrilatère.

25. *Diviser en quatre parties équivalentes un quadrilatère accessible dont on ne connaît point la superficie.* (Fig. 25.)

Soit ABCD le quadrilatère à diviser en quatre parties égales.

Du point C menons à DA une parallèle CJ ; divisons AD, CJ en quatre parties égales et tirons FH, GI, KL, ainsi que BH, BI, BL : le quadrilatère sera divisé en quatre parties équivalentes. En effet, les trapèzes JHFA, HIGF, ILKG, LCDK sont égaux comme ayant mêmes bases et même hauteur. Pareillement les triangles BHJ, BIH, BLI et BCL le sont aussi ; donc les surfaces ABHF, FHBIG, GIBLK et KLBCD sont équivalentes.

Il s'agit maintenant de régulariser ces parties au moyen de transformations faciles à effectuer.

Pour cela, joignons FB ; menons HE parallèlement à BF et tirons la divisoire définitive FE : les deux quadrilatères ABEF, ABHF seront équivalents comme composés d'une partie commune ABF et de triangles FBE, FBH qui ont même base FB et même hauteur. Donc ABEF est le premier quart du quadrilatère ABCD.

Actuellement, menons IN parallèlement à GB et traçons la divisoire GN : le quadrilatère FENG sera la deuxième partie.

Il est visible, en effet, que si l'on ajoute le triangle ABG aux triangles équivalents GBN, GBI, on aura ABNG=ABIG ou deux quarts. Donc FENG, différence entre deux quarts et un quart de la figure, est la deuxième partie.

On opèrera de même pour la troisième, et le problème sera résolu.

26. *Détacher du quadrilatère ABCD une parcelle d'une contenance déterminée.* (Fig. 26.)

Soit S la surface du quadrilatère ABGH qu'il faut retrancher de la pièce de terre ABCB, le long du côté AB. Abaissons du point B la perpendiculaire BF et divisons $\frac{S}{2}$ par $\frac{BF}{2}$; le quotient, porté de A vers D, en H, déterminera la base du triangle ABH. Pour compléter ce triangle, abaissons du point H la perpendiculaire HE sur le côté BC ; divisons ensuite $\frac{S}{2}$ par $\frac{HE}{2}$ et portons le quotient de B vers C, en G. Le quadrilatère ABGH ainsi obtenu sera équivalent à S, car les triangles ABH, HBG dont il se compose ont chacun une surface égale à $\frac{S}{2}$.

REMARQUE.—Ce procédé peut encore être employé pour limiter une seconde parcelle attenante à la première. S'il y en a davantage, on opèrera ainsi qu'il va être dit.

27. *Diviser le quadrilatère ABCD en trois portions*

égales à partir des points I et O, situés, le premier
aux deux tiers de la distance de B à C, et le deuxième
au milieu de BA. (Fig. 27.)

Prenons AD pour base d'opération ; abaissons des points
B et C les perpendiculaires BE, CL ; mesurons ces lignes
ainsi que les segments de base DL, LE, EA, et calculons la
surface S du quadrilatère.

Faisons ensuite la première portion JICD. A cet effet,
évaluons la surface du trapèze ICLK, que nous formons sur
le canevas ou croquis, en menant IK perpendiculairement à
AD. La hauteur KL et la base KI étant inconnues, cherchons
à les déduire des mesures effectives.

D'abord KL équivaut à $\frac{LE}{3}$, car si l'on trace BN parallèlement à AD, on voit que cette ligne égale EL, et que de
plus elle est divisée par KI en parties proportionnelles à
BI et IC. Donc HN ou KL $= \frac{BN}{3}$ ou $\frac{EL}{3}$.

D'un autre côté, les triangles semblables BIH et BCN
donnent $\qquad \frac{IH}{CN} = \frac{BI}{BC}$ ou $\frac{IH}{CL-BE} = \frac{2}{3}$;

d'où l'on tire $\qquad IH = \frac{2(CL-BE)}{3}$.

Ajoutant BE$=$KH, à IH, on aura IK et l'on pourra calculer
la surface du trapèze KICL. Mais celui-ci, augmenté du
triangle CLD, donne une surface supérieure à $\frac{S}{3}$, valeur de
chaque partie. Par conséquent, il faut diminuer le quadrilatère KICD du triangle KIJ, dont la contenance égale
(KICL$+$CLD)$- \frac{S}{3}$, et la hauteur, KI. La base KJ étant

déterminée par une simple division, on la retranchera de KD afin d'avoir DJ; puis on reportera sur le terrain DJ, JK, de D vers A, en J et en K, où l'on élèvera la perpendiculaire KI, qui fixera le point I et achèvera le quadrilatère JICD, première partie.

Pour obtenir la deuxième partie, on remarquera que le triangle ABJ, dont on connaît la hauteur BE et la base AJ = (AE+EL+LD) — DJ, peut être divisé en deux parties équivalentes en joignant le point O, milieu de BA, au point J; de plus, si l'on retranche AOJ de $\frac{S}{3}$, on verra que la différence représente la surface du triangle GOJ. Divisant cette dernière par la moitié de la perpendiculaire OF, qu'on abaissera du point O sur IJ, on aura la base JG du triangle JOG, qui complète AOJ et forme le quadrilatère AOGJ, deuxième partie.

La troisième sera le quadrilatère contigu OBIG.

REMARQUE.—Si un obstacle quelconque empêche d'abaisser et de chaîner la perpendiculaire OF, indispensable pour la division, on en cherchera la longueur de la manière suivante :

Après avoir déterminé la première portion JICD, on calculera la longueur JI, hypoténuse du triangle rectangle IKJ, et les surfaces des triangles ABJ, AIJ, dont on connaît la base commune AJ = (AE+EL+LD)—DJ et les hauteurs BE, IK. Ensuite on retranchera AIJ du quadrilatère ABIJ, qui équivaut à $\frac{2S}{3}$, et l'on prendra la moitié du triangle restant ABI, ainsi que du triangle ABJ. Enfin, on diminuera le quadrilatère ABIJ de la somme des triangles

OBI, AOJ, et l'on divisera le reste, c'est à dire le triangle OIJ, par $\frac{JI}{2}$: le quotient sera la perpendiculaire OF.

28. *Diviser le quadrilatère ABCD en quatre parties équivalentes, de manière que le côté opposé à la base d'opération soit divisé en quatre parties égales.* (Fig. 28.)

Soit ABCD le quadrilatère donné et AD la base d'opération sur laquelle on a abaissé les perpendiculaires BI, CO. Appelons S la surface calculée à l'aide de ces lignes, et supposons que toutes les parts aboutissent à BC, préalablement divisée en quatre parties égales BE, EF, FG, GC.

Retranchons d'abord le triangle ADC du quadrilatère ABCD, et divisons le triangle restant BCA en quatre parties équivalentes, en joignant au sommet A les points E, F, G. Menons ensuite BM parallèlement à AD et abaissons sur cette dernière ligne les perpendiculaires EN, FP, GQ, dont nous pouvons connaître la longueur en déterminant leurs différences respectives ER, FS, GT.

Les triangles BER, BFS, BGT et BCM étant semblables, nous avons

$$\frac{ER}{CM} = \frac{BE}{BC}, \quad \frac{FS}{CM} = \frac{BF}{BC} \quad \text{et} \quad \frac{GT}{CM} = \frac{BG}{BC};$$

d'où l'on tire, après avoir remplacé CM par sa valeur et les quantités BE, BF, BG, BC par 1, 2, 3, 4,

$$ER = \frac{CO - BI}{4}, \quad FS = \frac{CO - BI}{2} \quad \text{et} \quad GT = \frac{3(CO - BI)}{4}.$$

Ajoutant maintenant ER, FS, GT à BI, on aura les données suffisantes pour déterminer chacune des parties.

En effet, $\frac{S}{4}$ — BEA = le triangle AEH, dont on connaît la hauteur EN, et par suite la base AH, que sur le terrain on portera de A vers D, en H, et le quadrilatère ABEH sera la première partie.

Pour obtenir la deuxième, on diminuera $\frac{S}{2}$ du triangle BFA, qui égale la moitié de ABC, et l'on divisera le reste, ou le triangle AFJ, par $\frac{FP}{2}$, afin d'avoir la base AJ, dont on portera l'excès sur AH, de H en J, et le quadrilatère EFJH, différence entre la 1/2 et le 1/4 de la pièce de terre, formera la deuxième partie.

On opèrera de même pour la troisième, et le problème sera résolu.

29. *Autre solution.* — La surface S et les perpendiculaires EN, FP, GQ étant obtenues, on déterminera la contenance des trapèzes IBEN, NEFP, PFGQ, QGCO. Puis on réunira le triangle ABI au trapèze IBEN, afin de connaître la surface du quadrilatère ABEN, qu'on comparera à $\frac{S}{4}$, valeur de chaque partie. Comme le quadrilatère ABEN est plus petit que $\frac{S}{4}$, on le complètera à l'aide du triangle NEH, dont la hauteur est connue, ainsi que la surface, qui égale $\frac{S}{4}$—ABEN. Divisant $\frac{S}{4}$—ABEN par $\frac{EN}{2}$, on aura la base NH, qu'on portera à la suite de AN=AI+IN, et le quadrilatère ABEH sera la première partie.

Pour la deuxième, on diminuera le trapèze NEFP du triangle NEH, et l'on soustraira le quadrilatère restant HEFP de $\frac{S}{4}$, ce qui donnera la surface du triangle PFJ.

Divisant PFJ par $\frac{PF}{2}$, on aura la base PJ, qu'on ajoutera à NP—NH ou à PH. Ensuite on portera HJ de H vers D, en J, et le quadrilatère HEFJ sera la deuxième partie.

On suivra une marche analogue pour la troisième, et la division sera terminée.

REMARQUE. — Le même mode de subdivision s'appliquerait au cas où il s'agirait de partager un quadrilatère proportionnellement aux droits de plusieurs héritiers.

30. *Partager le quadrilatère ABCD en quatre parties équivalentes, de manière que la base d'opération soit divisée en quatre parties égales AG, GH, HI et ID.* (Fig. 29.)

Ce problème ne diffère du précédent que par le renversement de la base d'opération. En conséquence, si à l'aide des segments de base AJ, JK, KD et des perpendiculaires BJ, CK, abaissées des points B et C sur AD pour évaluer l'aire S du quadrilatère, nous parvenons à calculer les perpendiculaires AE, DF, supposées menées à BC prolongée, par les points A et D, nous n'aurons plus qu'à appliquer des principes connus pour effectuer une division qui de prime-abord paraît assez embarrassante.

Pour arriver à nos fins, traçons BL, sur le croquis, parallèlement à AD, et déterminons BC, hypoténuse du triangle rectangle BCL, laquelle égale

$$\sqrt{\overline{BL}^2+\overline{LC}^2}=\sqrt{\overline{JK}^2+(\overline{CK}-\overline{BJ})^2}.$$

Tirons ensuite les diagonales AC et BD, qui forment quatre triangles ABC, ACD, ABD, DBC, dont deux, ABD, ACD, ont AD pour base commune et BJ, CK pour hauteurs. Calculant les superficies des triangles ACD, ABD et les retranchant de l'aire S du quadrilatère, nous aurons celles des triangles ABC et DBC, qu'il restera à diviser par $\frac{BC}{2}$ pour que AE et DF soient déterminées.

Cela posé, décomposons le triangle ABD en quatre parties équivalentes par les droites BG, BH, BI, issues du sommet B, et recherchons les longueurs des perpendiculaires x, x' x'' abaissées des points G, H, I sur BC.

D'après ce qui a été dit au n° 27, $x = AE + \frac{DF-AE}{4}$, $x' = AE + \frac{DF-AE}{2}$ et $x'' = AE + \frac{3(DF-AE)}{4}$. Comme DF et AE ont été déduites des mesures effectives, il est facile d'obtenir x, x', x'', de sorte qu'on peut maintenant s'occuper de la délimitation de chacune des parties.

La première ABMG se compose de deux triangles GBM et ABG. Or, le dernier égale le quart du triangle ABD ; donc GBM égalera $\frac{S}{4}$ — ABG. Divisant la surface du triangle GBM par $\frac{x}{2}$, nous connaîtrons sa base BM, que, sur le terrain, nous reporterons de B vers C, en M, et le quadrilatère ABMG sera la première portion.

Pour la deuxième, nous diminuerons $\frac{S}{2}$ du triangle ABH, qui égale ABG $\times$ 2. Nous diviserons ensuite le reste, ou le triangle HBN, par $\frac{x'}{2}$, ce qui nous donnera la base BN, dont nous porterons l'excès sur BM, de M en N, et le quadrilatère GMNH, différence entre la 1/2 et le 1/4 de la figure, formera la deuxième partie.

6

On opèrera de même pour la troisième, et le problème sera résolu.

REMARQUE. — Les deux solutions précédentes supposent que l'on peut entrer dans l'intérieur de la pièce de terre ; mais comme les longueurs indispensables à la division sont déduites des mesures effectives, notre manière d'opérer s'adaptera parfaitement au cas où le quadrilatère est inaccessible, surtout si le terrain adjacent est libre de tout obstacle et permet d'obtenir les perpendiculaires BJ et CK.

31. *Diviser le quadrilatère ABCD en quatre parties équivalentes par des lignes parallèles à l'un des côtés adjacents à la base d'opération.* (Fig. 30.)

Soit S la surface du quadrilatère, calculée à l'aide des perpendiculaires BE, CL et des segments de base AE, EL, LD, et soit CD le côté qui doit être parallèle aux divisoires FG, IH, KJ, que nous supposerons tracées pour simplifier nos raisonnements.

Prolongeons sur le canevas les côtés BC et AD jusqu'à leur point de concours O, et déterminons OD, afin de pouvoir évaluer l'aire du triangle OCD.

La similitude des triangles OCL, OBE donne

$$\frac{OL}{OE} = \frac{CL}{BE} \quad \text{ou} \quad \frac{OL-OE}{OL} = \frac{CL-BE}{CL} ;$$

d'où l'on tire OL. Ajoutant LD à OL, on aura la base OD du triangle OCD, et partant sa surface en multipliant OD par $\frac{CL}{2}$.

La question se réduit maintenant à détacher les trapèzes

FGCD, IHGF, KJHI, dont la contenance égale $\frac{S}{4}$, et à fixer les points F, I, K, par où l'on mènera les parallèles FG, IH, KJ.

Les triangles OCD, OGF, OHI, OJK, qui diffèrent l'un de l'autre de $\frac{S}{4}$, étant semblables, leurs surfaces sont proportionnelles aux carrés des côtés homologues, et l'on peut écrire

$$\frac{\overline{OF}^2}{\overline{OD}^2}=\frac{OGF}{OCD}, \qquad \frac{\overline{OI}^2}{\overline{OF}^2}=\frac{OHI}{OGF}, \qquad \frac{\overline{OK}^2}{\overline{OI}^2}=\frac{OJK}{OHI}.$$

De là on déduit

$$OF=\sqrt{\frac{\overline{OD}^2\times OGF}{OCD}},$$

$$OI=\sqrt{\frac{\overline{OF}^2\times OHI}{OGF}},$$

$$OK=\sqrt{\frac{\overline{OI}^2\times OJK}{OHI}}.$$

Les lignes OF, OI, OK étant connues, une simple soustraction donnera DF, FI et IK, qu'on reportera, sur le terrain, de D vers A, en F, I et K. On achèvera l'opération en menant à DC des parallèles passant par les points F, I, K.

REMARQUE.—Ici encore il est bon d'observer que la divisoire JK pourrait, dans certains cas, rencontrer le côté AB. Si cela devait avoir lieu, on mènerait BR parallèlement à AD, et BT parallèlement à CD. Déduisant ensuite MR de la comparaison des triangles semblables MCR, LCD, on obtiendrait d'abord TD, qui équivaut à BM+MR, puis la base AT du triangle ABT, qu'on diviserait comme l'a été le triangle OCD.

32. *Diviser le quadrilatère ABCK en dix parties équivalentes par des lignes parallèles au plus grand côté pris pour base d'opération.* (Fig. 31.)

La question que nous nous proposons de résoudre se réduit évidemment à calculer les hauteurs MH, HL,…. des trapèzes partiels et du quadrilatère qui pourrait se rencontrer dans la partie supérieure de la figure.

Soient AM, MN, NK, BM, CN, les lignes chaînées pour l'évaluation de la surface S du quadrilatère ABCK, et P le dixième de cette surface.

Occupons-nous, en premier lieu, de la recherche des éléments de la division.

Par le point C du croquis, menons à AB la parallèle CI, à KA la parallèle CF, et prolongeons AB, KC jusqu'à leur rencontre en O. Déterminons ensuite FD, AI, IK, ainsi que la surface du triangle AOK.

Les triangles ABM, FBD étant semblables, et BD égalant BM—CN, on peut écrire

$$\frac{FD}{AM} = \frac{BD}{BM},$$

d'où l'on tire FD. Ajoutant à cette ligne DC, qui égale MN, on aura FC=AI, et par suite IK, de sorte que la surface du triangle ICK pourra être déterminée. Mais le triangle ICK est semblable au triangle AOK ; donc on a

$$\frac{AOK}{CIK} = \frac{\overline{AK}^2}{\overline{IK}^2},$$

d'où l'on déduit $\quad AOK = \dfrac{\overline{AK}^2 \times CIK}{\overline{IK}^2}.$

Divisant enfin AOK par $\frac{AK}{2}$, on aura la hauteur totale OG, à laquelle pourront être comparées les lignes homologues OP, OQ,..... dont la longueur est indispensable pour la division.

Cela posé, traçons sur le croquis figuratif les divisoires EJ, RT,..... et calculons les hauteurs des trapèzes partiels AEJK, ERTJ,....

Les triangles semblables AOK, EOJ, ROT,..... qui diffèrent en étendue du dixième P, donnent

$$\frac{\overline{OP}^2}{\overline{OG}^2} = \frac{EOJ}{AOK}, \qquad \frac{\overline{OQ}^2}{\overline{OG}^2} = \frac{ROT}{AOK},.....;$$

d'où résulte

$$OP = \sqrt{\frac{EOJ \times \overline{OG}^2}{AOK}}, \qquad OQ = \sqrt{\frac{ROT \times \overline{OG}^2}{AOK}},.....$$

Les lignes OP, OQ,..... étant trouvées, on obtiendra aisément GP, PQ,..... qu'il restera à reporter, sur le terrain, de M vers B, en H, L,..... où l'on élèvera les perpendiculaires EJ, RT,..... qui seront les divisoires demandées.

Nota.—Si l'on prévoit que le triangle FBC, dont on a la base CF et la hauteur BD, puisse excéder le dixième P, il conviendra, pour éviter des calculs inutiles, d'en extraire les parties qu'il contient, afin que le reste, s'il y en a un, forme un trapèze attenant à CF et complète le surplus des portions situées au-dessous de cette ligne.

33. *Diviser en dix parties équivalentes un quadrilatère quelconque arpenté en prenant le plus grand côté pour base d'opération.*

On supposera toutes les parts aboutissant à l'un des

côtés adjacents à la base, lequel sera divisé en dix parties égales, et l'on effectuera les calculs relatifs au partage à l'aide des lignes chaînées pour l'évaluation de la surface S. (Fig. 32.)

Les perpendiculaires MB, NC et les segments de base AM, MN, ND étant les seules droites connues, il s'agit de déterminer les distances CJ, JK, KL,..... qui limitent avec les lignes égales BG, GH, HI,..... les parties demandées.

Recherchons d'abord les longueurs indispensables à nos calculs, telles que les perpendiculaires abaissées des points B, G, H, I,..... A sur DC et son prolongement CE.

Le triangle CND est rectangle : le théorème de Pythagore permet donc de trouver CD. Le triangle BCD égalant S—ABD, il est manifeste qu'en divisant sa surface, comme celle du triangle ACD, par $\frac{DC}{2}$, on aura les lignes BE et AF, desquelles on déduira facilement les perpendiculaires GO, HR,..... D'ailleurs, chacune de ces dernières diffère de celle qui la précède ou la suit immédiatement du dixième de la différence existant entre BE et AF.

Les quantités précédentes une fois obtenues, on retranchera l'aire du triangle ACD de la surface S du quadrilatère, afin de connaître la valeur du triangle ABC, dont la base est, par hypothèse, divisée en dix parties égales. Joignant au sommet C les points G, H, I,... par les lignes GC, HC, IC,... on formera dix triangles équivalents qui permettront d'effectuer la division avec la plus grande facilité. En effet, si l'on désigne par p le dixième de S, et par p' le triangle GBC, $p—p'$, ou le triangle GCJ, dont on a la hauteur, et partant la base **CJ**, sera ce qu'il faut ajouter au triangle **BGC** pour que le quadrilatère **GBCJ** devienne la première partie.

Pour faire la deuxième, on remarquera que $2p-2p'$ représentent la surface du triangle **HCK**. Divisant **HCK** par $\frac{HR}{2}$, on aura la base **CK**, de laquelle on retranchera **CJ**, ce qui donnera le côté inconnu **JK** de la deuxième partie.

La troisième s'obtiendra en retranchant $3p'$ de $3p$ et en divisant le reste, ou le triangle **ICL**, par la moitié de la perpendiculaire abaissée du point **I** sur **DC**. La différence entre le quotient et **CK**, c'est à dire **KL**, sera reportée sur le terrain à la suite de **CJ** et de **JK**, et le quadrilatère **IHKL**, différence entre trois dixièmes et deux dixièmes, sera la troisième partie.

On opèrera de même pour la troisième et les suivantes, et le problème sera résolu.

34. *Diviser le quadrilatère ADCB en quatre parties équivalentes par des lignes perpendiculaires au plus grand côté AB.* (Fig. 32.)

Soit **S** la surface du quadrilatère, calculée à l'aide des perpendiculaires **ED**, **MC** et des segments de base **AE**, **EM**, **MB**, et soient, par hypothèse, **GL**, **HK**, **IJ** les lignes séparatives demandées.

Proposons-nous de trouver **EG**, **GH**, **HI**, qui sont les seules grandeurs à reporter sur le terrain de **A** vers **B**, en **G**, **H**, **I**.

Pour cela, prolongeons **DC**, **AB** jusqu'à leur point de

concours **F**, et cherchons à déterminer **FE**, base du triangle rectangle **FDE**, dont l'aire importe à la division.

La similitude des triangles **FDE, FCM** donne

$$\frac{FE}{FM} = \frac{DE}{MC} \quad ou \quad \frac{FE}{FM - FE} = \frac{DE}{MC - DE} \, ;$$

d'où l'on tire $\quad FE = \dfrac{DE \times (FM - FE)}{MC - DE} = \dfrac{DE \times EM}{MC - DE}.$

Ajoutant maintenant $\frac{S}{4}$—ADE au triangle **FDE**, on aura son semblable **FLG**, de sorte qu'on pourra écrire

$$\frac{\overline{FG}^2}{\overline{FE}^2} = \frac{FLG}{FDE} \, .$$

De là on déduit $\quad GF = \sqrt{\dfrac{FLG \times \overline{FE}^2}{FDE}},$

ce qui fait connaître $EG = GF - FE.$

Déterminant comme précédemment **FH, FI**, il ne restera plus qu'à fixer les points **G, H, I**, où l'on élèvera les perpendiculaires **GL, HK, IJ**, qui achèveront le problème.

35. *Faire dix portions de bois d'égale contenance dans une coupe réglée ayant la forme d'un quadrilatère allongé.* (Fig. 34.)

Les coupes de taillis d'un bois aménagé n'étant séparées de la futaie adjacente que par une simple laie, il est évident qu'on ne peut directement obtenir la longueur des perpendiculaires **BK, CL**, supposées menées à **AD** par les points **B** et **C**. Comme ces lignes sont indispensables pour apprécier l'aire du quadrilatère et en faciliter le partage, on cherchera le moyen de les déterminer.

A cet effet, on prendra à volonté deux points I, J, par où l'on tracera perpendiculairement à AD les fausses brisées IE, JF, qu'on mesurera, ainsi que les distances BE, EF, FC, DJ, JI et IA; puis on supposera abaissées sur les lignes LC, JF du croquis les perpendiculaires EG, BH, qui seront parallèles à AD, et l'on calculera le côté FG du triangle rectangle EFG, dont on connaît EG = IJ et l'hypoténuse EF.

Cela posé, les triangles semblables EFG, BCH, BEM donnent $\dfrac{EM}{FG} = \dfrac{BE}{EF}$, $\dfrac{BM}{EG} = \dfrac{BE}{EF}$, $\dfrac{BH}{EG} = \dfrac{BC}{EF}$, $\dfrac{CH}{FG} = \dfrac{BC}{EF}$;

d'où l'on tire EM, BM, BH et CH. Ces lignes trouvées, on aura aisément BK, CL et les segments de base AK, KL, LD. En effet, BK = EI — EM, CL = BK + CH, AK = AI — KI = AI — BM, KL = BH et LD = (AI + IJ + JD) — (AK + KL).

Les éléments de la surface étant ainsi obtenus, on divisera le quadrilatère ABCD perpendiculairement à AD, d'après les principes du numéro précédent. Ensuite on reportera le résultat général des calculs de A vers D, et l'on terminera l'opération en indiquant, comme au n° 15, la direction des filets ou brisées qui sépareront les portions les unes des autres.

1ʳᵉ REMARQUE.—Si le triangle ABK excède le dixième de la surface totale, on extraira d'abord les portions qu'il renferme, afin de connaître l'étendue du trapèze attenant à BK, lequel sera complété par un trapèze contigu pris dans la partie KBCL.

La même observation s'applique au triangle LCD.

2ᵉ REMARQUE.—Si le taillis doit être mis en adjudication,

on simplifiera la division précédente en se dispensant de rechercher au préalable l'aire du quadrilatère, et en formant des portions de diverses grandeurs, dont on appréciera l'étendue *véritable* par le réarpentage ou *récolement* qu'on fait toujours après l'ouverture des brisées, dans le but de donner au travail la précision qui lui manque nécessairement lorsqu'on indique la trace de ces dernières, et aussi pour remédier au défaut de parallélisme de quelques-unes d'entre elles.

A cet effet, on tracera perpendiculairement à la sommière AD (Fig. 35) un filet quelconque JF, qu'on mesurera, et l'on divisera par cette ligne la contenance S assignée à chacune des portions. Le quotient représentera les hauteurs égales JL et JO des rectangles auxiliaires LHFJ et JFKO. Mais ceux-ci différant des trapèzes provisoires LTFJ, JFSO, qu'on a coutume de régulariser en rapprochant leurs surfaces de l'égalité, il importera d'évaluer approximativement les triangles THF, FSK, et les distances LT, OS, afin d'augmenter LTFJ du trapèze MPTL, qui équivaudra presque au triangle THF, et de diminuer JFSO du trapèze NRSO, dont la contenance ne s'écartera guère de celle du triangle FSK : de cette manière, les aires des trapèzes définitifs MPFJ, JFRN seront rendues peu différentes l'une de l'autre.

Pour ce faire, on élèvera à JF une perpendiculaire FV de quelques mètres de longueur, cinq par exemple, et l'on mènera VX perpendiculairement à FV. Ensuite on chaînera VX, dont le cinquième, que nous nommerons a, sera la différence qui existe entre deux filets consécutifs supposés tracés à la distance d'un mètre. Multipliant a par le nombre de mètres contenus dans JO et JL, on aura TH et KS, de sorte qu'il deviendra aisé de connaître la surface des triangles THF, FSK, et les lignes TL, KO, qui égalent, la première JF—TH, la deuxième JF+KS. Divisant enfin THF, FSK par LT, SO, et considérant les quotients ML, NO comme hauteurs des trapèzes additif et soustractif MPTL, NRSO, on pourra déterminer les points M et N, par où l'on fera passer les brisées MP et NR, qui limiteront les deux premières portions.

On suivra une marche analogue pour calculer les surfaces des trapèzes attenants aux portions précédentes et pour celles qui les suivront. Toutefois, pour ne pas s'exposer à diminuer outre mesure les deux dernières, il sera bon d'attendre que les brisées soient ouvertes pour réarpenter toutes les portions, quelles qu'elles puissent être, et subdiviser, s'il y a lieu, celles qui paraîtraient trop grandes.

CHAPITRE III.

—

DIVISION DES POLYGONES IRRÉGULIERS.

—

36. *Diviser le polygone ABCDEF en deux portions équivalentes par une droite qui parte du point C.* (Fig. 36.)

Prenons AF pour base d'opération et abaissons des points
B, C, D, E, les perpendiculaires BH, CI, DJ, EG, qui décomposent le polygone en triangles et en trapèzes. Mesurons ces
lignes, ainsi que les segments de base AH, HI, IJ, JF, FG,
et calculons la surface S de la figure, qui égale ABCDEG,
diminuée du triangle d'emprunt FEG. Cela fait, compa-
rons $\frac{S}{2}$, valeur de chaque partie, à la surface ABCI, que
nous trouvons plus petite d'une quantité représentant l'aire
du triangle ICK. Divisant ICK par la moitié de la hauteur
CI, nous aurons la base IK, qu'il nous restera à porter, sur
le terrain, de I vers F, en K, et la division sera terminée.

37. *Partager la propriété AUBCDEFG en trois parties équivalentes par des lignes de division partant
des points Y et C, situées sur le côté BC.* (Fig. 37.)

Après avoir planté des jalons aux angles du terrain et aux
endroits de la courbe AUB où les sinuosités sont le plus
sensibles, on tracera l'alignement AE, et l'on abaissera sur
cette base d'opération les perpendiculaires GI, BK, YJ, CL,
FM et DN, qu'on mesurera, ainsi que leurs distances respectives AI, IK, KJ, JL, LM, MN et NE. Les traverses ou
petites perpendiculaires élevées le long de AB, pour décomposer en triangles et en trapèzes la tranche mixtiligne AUB,
étant également chaînées, on évaluera la surface S de la figure,
dont le tiers représentera la valeur de chaque partie. Puis
on prolongera, sur le croquis figuratif, les perpendiculaires
BK, YJ jusqu'à la rencontre du côté GF, et l'on tracera FR
parallèlement à AE, afin de déterminer les triangles semblables OSF, HTF, GRF, qui donnent

$$\frac{OS}{GR} = \frac{SF}{RF}, \qquad \frac{HT}{GR} = \frac{TF}{RF},$$

c'est à dire

$$\frac{OS}{GI-MF} = \frac{JM}{IM}, \qquad \frac{HT}{GI-MF} = \frac{KM}{IM};$$

d'où l'on déduit OS et HT, prolongements des lignes SJ et TK, dont la longueur équivaut à MF. Les lignes YO et BH étant obtenues, on cherchera l'aire du trapèze HBYO et on l'ajoutera à celle des triangles et trapèzes contenus dans la partie GAUBH. Si l'on trouve que le polygone AUBYOG soit plus grand que $\frac{S}{3}$ d'une quantité PYO, on le réduira à sa juste valeur en abaissant du point Y une perpendiculaire sur GF, et en divisant la surface du triangle PYO par la moitié de cette perpendiculaire. Le quotient, porté de O vers G, permettra de fixer le point P, et le polygone GAUBYP sera la première partie.

Pour la deuxième, on prolongera CL jusqu'en X, et l'on calculera XV par la comparaison des triangles semblables GRF et XVF. Comme CL est connue, ainsi que LV, on pourra évaluer la surface du trapèze OYCK et la réunir à celle du triangle PYO, afin d'avoir la contenance du quadrilatère PYCX. Mais celui-ci surpassant $\frac{S}{3}$, on divisera l'excédant QCX par la moitié de la perpendiculaire qu'on abaissera du point C sur GF, et l'on portera le quotient de X vers G, en Q, ce qui limitera le quadrilatère PYCQ, deuxième part.

La troisième se composera du reste QCDEF.

Remarque.—Si un obstacle quelconque empêche d'abaisser des perpendiculaires des points Y et C sur GF, on tracera sur le canevas les diagonales OC, YX, et l'on cherchera l'aire des triangles OYX, OCX, dont on a les bases YO, CX et la hauteur commune JL. Puis on calculera OX, hypoténuse du triangle rectangle XZO, formé en menant XZ parallèlement à VS, et l'on divisera la surface des triangles précités par $\frac{OX}{2}$: le quotient donnera la longueur des perpendiculaires qu'on ne peut mesurer sur le terrain.

38. *Diviser le polygone ABCDEFG en quatre parties équivalentes par des lignes parallèles au côté DE.* (Fig. 38.)

La marche à suivre pour évaluer la surface S du polygone important aux calculs, on prendra pour base d'opération la ligne AK, qui a été tracée de manière à former un angle droit avec le côté DE, et l'on abaissera des points B, C, F, G les perpendiculaires BS, CR, QF, PG. Ces lignes chaînées, on prolongera, sur le croquis, CR, QF, BS, PG, et l'on déduira des mesures effectives les distances RL, YQ, ST, VP, qui permettent de calculer les aires des trapèzes LCDE, FYCL, TBYF, GVBT et du triangle GAV, dont l'ensemble compose la surface S.

Cela posé, on comparera l'étendue du trapèze LCDE à $\frac{S}{4}$, afin de connaître celle du trapèze additionnel MJCL, et de pouvoir déterminer RX. Comme la ligne JM divise FYCL en deux parties proportionnelles aux nombres exprimant les surfaces des trapèzes FYJM et MJCL, il sera facile d'obtenir la longueur de cette ligne d'après les principes du n° 22, de sorte qu'en divisant MJCL par la demi-somme des bases **JM, CL**, on aura **RX**. Reportant maintenant sur le terrain **KR** et **RX** de **K** vers **A**, en **X**, il restera à élever à **KA** la perpendiculaire **MJ**, qui limitera la première partie.

Pour la deuxième, on cherchera l'excédant **FYIN** du trapèze **FYJM** sur $\frac{S}{4}$, et l'on déterminera comme précédemment la divisoire **IN**, qui partage le trapèze **FYJM** proportionnellement aux surfaces **FYIN, NIJM**. Divisant ensuite **FYIN** par $\frac{FY+IN}{2}$, on aura **QU** et par suite **UX**, qu'on reportera de **X** en **U**, où l'on élèvera la perpendiculaire **IN**, extrémité de la deuxième partie.

La troisième s'obtiendra en réunissant les trapèzes **FYIN**, **TBYF**, et en soustrayant leur somme de $\frac{S}{4}$, ce qui donnera l'aire du trapèze **OHBT** qu'on prendra dans le trapèze **GVBT**. Ayant calculé **HO** et **SZ**, on reportera celle-ci à la suite de **QU** et **QS**, en **Z**, où l'on mènera la perpendiculaire **HO**, qui achèvera le problème.

39. *Partager le bois FXUVOKPTER en trois parties équivalentes par des divisoires tirées des points K et O.* (Fig. 39.)

Evaluons d'abord la surface du bois.

A cet effet, menons **AD** tangentiellement aux sommets des angles **XFR, RET**. Construisons le rectangle **ABCD**, dont les côtés touchent la figure en **X, K, T**. Abaissons sur **AD** la perpendiculaire **RG**, et sur **BC** les perpendiculaires **UN, VM, OL, JP**. Mesurons ces lignes, ainsi que les subdivisions **BN, NM, ML**,..... des côtés du rectangle. Calculons

ensuite les surfaces des triangles et trapèzes compris entre
les limites du bois, et celles du rectangle ABCD, et sous-
trayons de la surface de ce dernier les parties négatives ou
vides XBNU, UNMV,..... La surface S du polygone inaccessible étant ainsi obtenue, achevons de rassembler les
éléments de la division en joignant, sur le croquis, KE,
KR, OR, OF, et en traçant OI, RH parallèlement à AD.

Cela posé, il est visible qu'on peut directement apprécier
l'étendue du rectangle GRHD et des trapèzes EKCD, RKCH,
car RH=GD et DH=GR. Or, le quadrilatère EKPT est
égal au trapèze EKCD diminué de KJP, PJCT et TDE : donc
$\frac{S}{3}$—EKPT=SKE. Comme il est impossible d'abaisser une
perpendiculaire du point K sur la base RE, on déterminera
RKE, qui équivaut à GRHD+RKCH—(GRE+EKCD), et on
divisera RKE par la moitié de RE, hypoténuse du triangle
rectangle GRE : le quotient ou la perpendiculaire cherchée
permettra d'obtenir ES, que l'on portera, sur le terrain,
de E vers R, en S, où se termine la première partie.

Pour faire la deuxième, on évaluera la surface du rectangle OLCI et des trapèzes FOID, ROIH, dont on a les
dimensions essentielles. Réunissant GRHD, ROIH, OLCI,
et défalquant de leur somme OLK, KJP, PJCT, ETD et
GRE, on aura l'aire du polygone ROKPTE, qu'on soustraira
de $\frac{2S}{3}$, afin de connaître la surface du triangle complémen-
taire QOR. Mais la perpendiculaire supposée abaissée du
point O sur FR étant indispensable pour exprimer la longueur de la base RQ, on calculera FOR, qui égale
FOID—(FRG+GRHD+ROIH), et l'on divisera FOR par

la moitié de FR, hypoténuse du triangle rectangle FRG. La ligne RQ trouvée, on la reportera de R vers F, en Q, et le pentagone QOKSR, différence entre deux tiers et un tiers de la propriété, formera la deuxième partie.

La troisième se composera du polygone restant FXUVOQ.

40. *Diviser en portions d'une contenance de six à huit ares une coupe de basse futaie ABCDEFGHIJKLMN.* (Fig. 40.)

Ayant reconnu que les brisées de séparation peuvent commodément s'établir dans un sens perpendiculaire au plus grand côté LK, on ouvrira, en un point quelconque S, le filet de balance SO faisant angle droit avec LK. On mesurera SO, et si cette ligne contient de 100 à 125 mètres, on pourra en prendre la moitié, afin de former deux séries de portions séparées par la sommière PQ, qu'on mènera perpendiculairement à OS. Ensuite on divisera sept ares, étendue moyenne des portions, par OR ou RS, et l'on reportera le quotient de R vers P et de R vers Q, en *a, b, c, d, e, f,* où l'on indiquera la trace des brisées, qui devront être perpendiculaires à PQ, autant que faire se peut. Celles-ci ouvertes, on procèdera au réarpentage général, qui seul permet d'assigner aux portions leur contenance réelle.

Dans ce but, on chaînera toutes les brisées, sur lesquelles on abaissera, comme dans un arpentage ordinaire, les perpendiculaires que montre la figure, et qui sont indispensables pour décomposer chaque portion en triangles et en trapèzes. Mesurant avec soin les bases et hauteurs de ces derniers, on pourra calculer rigoureusement leurs surfaces, et

8

par suite obtenir la grandeur positive des portions. On terminera l'opération en subdivisant, par un filet *gh*, le polygone J*f*QGHI qui a été trouvé trop grand.

Telle est la marche suivie par les arpenteurs de nos contrées pour asseoir les lots de taillis dans une situation donnée.

Toutefois, comme la configuration très sinueuse et accidentée des coupes modifie légèrement les procédés relatifs à leur décomposition en parcelles, nous allons clore cette première partie de notre travail par deux cas qui résument les principales difficultés que l'on rencontre dans la pratique.

44. *Soit la coupe ABCDE, dont la largeur varie entre 40 et 70 mètres, à diviser en portions par des brisées parallèles au côté AB.* (Fig. 44.)

Fixé sur la direction des filets séparatifs, et sachant que la largeur de la coupe ne permet point d'établir deux séries de portions, on mesurera AB, et l'on divisera par cette ligne la contenance S qu'on veut donner à chacune d'elles. Le quotient, pouvant être pris pour hauteur des quatre ou cinq premières, sera reporté sur un *faux-filet fg*, qu'on tracera perpendiculairement à AB afin de pouvoir indiquer la trace des brisées parallèles qui passent en L, M, N, O, *g*. Cela fait, on ouvrira et on chaînera la brisée PQ, qu'on devine être plus courte que les précédentes; puis on cherchera le quotient de la division de S par PQ, pour le reporter le long d'un second faux-filet *h*J, seulement en R, S, *i*, attendu que les brisées qu'on fera passer par ces points différeront sensiblement l'une de l'autre, et qu'il sera difficile d'en estimer approximativement la longueur. Ouvrant enfin **TK**, nouveau diviseur de **S**, et continuant comme plus haut, on arrivera sans peine au point **J**, par où passe la dernière brisée perpendiculaire à *h*J. L'opération étant alors terminée, on attendra que les brisées soient ouvertes pour venir réarpenter les portions d'après la règle prescrite au n° 40, et subdiviser, s'il y a lieu, celles qui excèderaient **S**, c'est à dire le minimum de contenance arrêté entre l'arpenteur et le propriétaire.

42. *Etablir quatre séries de portions dans la coupe de taillis ABCDEFGHIJ.* (Fig. 42.)

Après avoir parcouru le périmètre de la coupe et apprécié l'avantage de s'appuyer sur la droite **AJ**, on prendra un point quelconque **K**, par où l'on tracera perpendiculairement à **AJ** le filet de balance **KL**, dont on cherchera la longueur. Ayant partagé cette ligne en quatre parties égales **KO, ON, NM, ML**, on ouvrira les laies sommières **QP, SR, TU**, qui sont perpendiculaires à **KL**, et l'on divisera la surface **S** de chaque portion par le quart de **KL** : le quotient, qui représente la hauteur de la plupart des rectangles contenus dans les séries, sera reporté sur la sommière **SR**, en *a, b, c, d,* et en *e, f, g, h,* points par lesquels on mènera les brisées parallèles qu'on aperçoit sur la figure. Quant à celles qui ne se correspondent pas dans toute l'étendue de la coupe, nous dirons qu'un examen attentif des sinuosités du bois oblige toujours l'arpenteur ou de diviser séparément les extrémités des séries, ou d'attendre l'époque du réarpentage général pour subdiviser les portions trop grandes, qu'on peut alors réduire à leur juste valeur.

Le réarpentage n'offrant plus maintenant aucune difficulté, nous bornerons ici nos observations sur la géodésie agraire, laissant à nos lecteurs le soin d'imaginer les cas qui exigent l'application des procédés que nous croyons avoir suffisamment expliqués.

DEUXIÈME PARTIE.

DU LEVÉ DES PLANS.

Le levé des plans est l'ensemble des opérations et mesurages à faire sur le terrain, et des opérations de cabinet ayant pour but le tracé des plans.

On lève le plan, non de la *superficie réelle* du champ, mais de sa base productive ; en sorte que le plan est la *projection horizontale* du champ. Il suit de là que toutes les lignes et tous les angles seront mesurés horizontalement ou ramenés à l'horizon.

Avant de lever un plan, il faut fixer le rapport qui existe entre le plan et le terrain représenté. Ce rapport est appelé *l'échelle* du plan : on nomme ainsi toute droite divisée en parties égales à une unité de longueur quelconque, soit généralement adoptée, soit purement conventionnelle, et destinée à mesurer d'autres droites, ou à les partager en un certain nombre de parties égales.

Pour les propriétés de petite étendue, bâtiments, usines, projets d'architecture, terres en culture dans lesquelles on doit tenir compte de certains détails, on prend ordinairement les rapports $\frac{1}{100}$, $\frac{1}{500}$, $\frac{1}{1000}$. Les levés du cadastre sont construits à l'échelle de $\frac{1}{1250}$ et $\frac{1}{2500}$.

La plus simple des échelles est une droite sur laquelle on a porté dans un même sens, à partir du zéro, des longueurs qui, d'après le rapport de similitude adopté, représentent 10, 20, 30, 40,..... unités de longueur. Dans le sens contraire, on porte une longueur représentant dix unités, et on la partage en dix parties égales. (Fig. 43.)

Supposons que l'unité est le mètre et qu'on veuille prendre une longueur de 44 mètres ; on placera une pointe de compas sur la division 40, et l'autre sur le quatrième trait de division à gauche du zéro.

L'échelle précédente ne permettant pas d'évaluer avec précision les dixièmes de l'unité, est ordinairement remplacée par *l'échelle décimale* ou *de dixmes*. (Fig. 44.) Voici la manière de la construire :

Après avoir porté un certain nombre de fois sur une droite indéfinie, en AB, BC, CD, DE, la longueur qui représente 100 mètres, on élève la perpendiculaire AA′, sur laquelle on porte dix longueurs égales, mais arbitraires, puis on mène par le point A′, extrémité de la dixième longueur, ainsi que par tous les points de division de AA′, des parallèles à AD, et par les points B, C, D, E, des parallèles à AA′. On divise ensuite AB en dix parties égales, que l'on numérote en allant de B vers A, et on lie par une droite le point de division 90 au point A′. Enfin, par tous les autres points de division de la droite AB, on mène des parallèles à A′90.

D'après cette construction, il est aisé de voir que les parties des lignes longitudinales, comprises entre les lignes transversales BF, BB′, sont respectivement égales à 1, 2, 3,...... unités. Par exemple, la partie mn vaut six unités ; car, dans le triangle mBn, la droite mn étant parallèle à FB′, on a

$$\frac{mn}{FB'} = \frac{n B}{BB'} = \frac{6}{10} ;$$

donc mn est les $\frac{6}{10}$ de la longueur FB′, qui représente dix mètres.

Cela posé, pour prendre sur l'échelle une longueur de 204 mètres, on met une pointe du compas au point D et on la fait glisser sur la perpendiculaire DD′ jusqu'à ce qu'elle arrive au point q, sur la ligne 4—4 parallèle à AE ; on ouvre le compas de manière que l'autre pointe tombe au point de croisement de cette ligne et de l'oblique BF′ ; la distance des deux points, c'est à dire pq', est la longueur demandée. On voit, en effet, que cette longueur se compose de rp, qui représente 4 mètres, et de rq, qui représente 200 mètres.

On procèderait exactement de la même manière pour toute autre longueur à déterminer sur l'échelle.

1re REMARQUE.—Si l'on tenait aux dixièmes d'unités, il faudrait donner à AB, BC, CD, DE une longueur égale à dix mètres, et alors les portions d'horizontales comprises dans l'angle FBB′ représenteraient des dixièmes.

2e REMARQUE.—Pour construire une échelle dans un rapport donné, par exemple $\frac{1}{1250}$, il suffit de faire le calcul suivant pour que 100 mètres soient représentés par un nombre déterminé de centimètres et de millimètres :

1250 mètres sur le terrain=1 mètre sur le papier ;

$$1 \text{ mètre} \quad » \quad = \frac{1}{1250} \quad »$$

$$100 \text{ mètres} \quad » \quad = \frac{100}{1250} \quad »$$

Le quotient de la division de 100 par 1250, ou 0^{m}08, est la longueur à donner à AB, BC, CD, DE.

§ I. DES INSTRUMENTS PROPRES AU LEVÉ DES PLANS.

Les principaux instruments employés dans le levé des plans, pour opérer sur le terrain, sont :

1° *La chaîne avec ses fiches, l'équerre simple ;*
2° *Le graphomètre, le goniomètre ;*
3° *La planchette ;*
4° *La boussole.*

Ceux de la première classe étant connus, nous ne décrirons sommairement que le graphomètre, le goniomètre, la planchette et la boussole.

DU GRAPHOMÈTRE.

Cet instrument, qui sert à mesurer les angles, est composé d'un demi-cercle évidé AEB (Fig. 45), nommé *limbe*, et de deux *alidades* à pinnules servant à pointer les objets. L'alidade AB est fixe et fait corps avec l'instrument ; l'autre CD, mobile autour du centre, peut glisser à frottement doux sur le plan du limbe, qui est attaché à une tige *f* terminée par une sphère de deux à trois centimètres de diamètre.

Cette sphère s'engage entre deux coquilles liées à l'aide d'une vis à la partie supérieure d'une douille, dans laquelle s'emmanche un pied à trois branches destiné à donner de la stabilité à l'appareil.

Le limbe est divisé en degrés et demi-degrés ; comme le rapporteur, il porte deux graduations de 0° à 180° et dirigées en sens contraire.

Pour apprécier les fractions de demi-degré, on a recours au *vernier* ou *nonius*, ingénieuse invention dont nous allons indiquer la construction et l'usage.

Sur le bord de l'alidade mobile et à partir de la *ligne de foi ad*, on a pris un arc de cercle égal à quatorze demi-degrés, et on l'a partagé en quinze parties égales. Chacune des divisions du vernier valant ainsi $\frac{14}{15}$ de demi-degré, ou 28 minutes, il est visible que la différence qui existe entre une division du limbe et une du vernier est de deux minutes. D'après cela, pour évaluer la fraction d'arc *ab*, il suffira de regarder quelle est la division du vernier qui coïncide exactement avec une division du cercle, ou qui s'en écarte le moins, et de multiplier 2 minutes

9

par le nombre de divisions du vernier comprises entre *a* et la coïncidence *c*, c'est à dire par 7, dans le cas actuel.

DU GONIOMÈTRE.

Le *goniomètre* ou *pantomètre* (Fig. 46) est un instrument en cuivre composé de deux cylindres de même diamètre placés l'un au-dessus de l'autre. Le cylindre supérieur peut tourner sur son axe au moyen d'une tige à bouton *c* terminée par un pignon qui s'engrène dans une roue dentée disposée à l'intérieur ; il est percé de quatre lignes de visée perpendiculaires entre elles, et sa circonférence est munie d'un vernier comme l'alidade du graphomètre. Le cylindre inférieur *aa* est fixe et ne porte que deux ouvertures en ligne droite ; sa circonférence est divisée en 360°. A la base est adaptée une douille destinée à recevoir l'extrémité d'un trépied ou d'un bâton d'équerre.

Pour mesurer un angle, on place l'instrument au sommet, et on dirige la ligne de visée du cylindre fixe *aa* suivant l'un des côtés de l'angle ; puis on fait tourner le cylindre mobile jusqu'à ce que la ligne de visée correspondant au zéro du vernier prenne la direction de l'autre côté, et on lit l'angle.

DE LA PLANCHETTE.

La *planchette* est une petite table rectangulaire d'environ 8 décimètres de longueur sur 5 de largeur, portée, comme le graphomètre, par un genou à coquilles et un pied à trois branches. Sur les bords opposés sont adaptés deux rouleaux, dont les axes, soutenus par des crapaudines, portent un pignon denté à l'une de leurs extrémités : ces rouleaux servent à tendre et à rouler au fur et à mesure le papier sur lequel on opère.

Quand on veut lever un plan avec cet instrument, il faut avoir soin de se munir d'un niveau à bulle d'air pour le maintenir dans une position horizontale, et d'une alidade échancrée de manière que le plan des fils des deux pinnules contienne une des arêtes de la règle, ce qui permet de projeter sur le papier la ligne de visée déterminée par les pinnules.

DE LA BOUSSOLE.

La *boussole* se compose d'une boîte rectangulaire portant à son côté une alidade à visière ou à lunette parallèle au diamètre 0°—180°. Au centre et au fond de la boîte est implanté perpendiculairement un pivot d'acier, sur lequel est suspendue une aiguille aimantée en forme de losange très allongé et tournant dans un limbe divisé en 360°, que ses extrémités affleurent pour donner la facilité de compter les degrés quand elle n'oscille plus. Enfin, tout l'instrument est mobile sur un genou réuni à un pied à trois branches.

Dans les opérations sur le terrain, il faut donner à la boussole une position horizontale, et pointer toujours du même côté, c'est à dire amener l'alidade toujours à sa droite ou à sa gauche; on compte ensuite les degrés consécutivement depuis 0° jusqu'à 360°.

Cet instrument, quoique frappé de réprobation par les théoriciens, peut être avantageusement employé pour relever les détails d'un terrain dont tous les points sont accessibles.

Tels sont les instruments employés sur le terrain.

Nous pouvons maintenant nous occuper des principales opérations du levé des plans.

§ II. LEVÉ A LA CHAINE ET A L'ÉQUERRE.

43. *Lever le plan du terrain ABCDE, dans lequel on peut entrer, en n'employant que la chaîne et les jalons.* (Fig. 47.)

Après avoir jalonné le périmètre et en avoir fait le croquis visuel, on décomposera la figure en triangles ABE, BCE, ECD, dont on mesurera les côtés; puis on construira, sur le papier, un même nombre de triangles semblables et semblablement disposés, d'après des longueurs proportionnelles prises sur l'échelle adoptée.

44. *Lever le plan des parcelles représentées dans la figure 48, à l'aide de la chaîne seulement.*

Ayant tiré AC et prolongé DE jusqu'en *r*, on mesurera les distances A*h*, *hj*, *hf*, *f*B, B*o*, *og*, *gi*, *op*, *pq*, *q*C, CD, DE, E*n*, *nm*, *ml*, *lk*, *k*A, A*r*, *r*D, *r*C; et lorsque cette opération sera terminée, on construira le plan, d'après le croquis.

A cet effet on tracera d'abord avec beaucoup de soin les triangles ABC, A*r*E, D*r*C, qui sont semblables à ceux formés sur le terrain, comme ayant les côtés homologues proportionnels; puis on rapportera les longueurs de l'échelle C*q*, *qp*, *po*, B*f*, *fh*, A*k*, *kl*, *lm*, *mn*.On tirera *qn*, *pm*, *ol*, et l'on déterminera les points *g*, *i*, par où passent *fg*, *hi*. Rapportant enfin *hj* et joignant *jk*, on aura un ensemble de parcelles exactement semblables à celles du terrain, car leurs côtés sont des lignes homologues aux lignes chaînées.

REMARQUE. — S'il s'agissait de lever l'intérieur d'une maison ou d'un bâtiment quelconque, on décomposerait chaque pièce en triangles, et on coterait sur le croquis l'épaisseur des murs, dont la direction serait d'ailleurs déterminée par la construction de triangles semblables à ceux qui auraient été formés sur le terrain.

45. *Lever la ligne sinueuse ABCD à la chaîne et à l'équerre.* (Fig. 49.)

Rien de plus simple que cette opération, quand le terrain adjacent est dégagé d'obstacles ; car prenant AD pour base, et choisissant B, E pour sommets du triangle auxiliaire ABE, on abaisse du point B sur AE la perpendiculaire BF, qu'on mesure, ainsi que les lignes AF, FE ; ensuite on élève sur AB, BE, ED les petites perpendiculaires ou traverses qui vont atteindre les sinuosités de la ligne, et on en cote exactement la longueur et les distances respectives au fur et à mesure qu'on opère. Cela fait, on forme le plan d'après les cotes inscrites sur le canevas et l'échelle adoptée.

46. *Lever le plan du terrain irrégulier ABCDE.......* (Fig. 50.)

Les angles étant jalonnés et le croquis fait, on tracera en dedans de la figure un alignement NE, déterminé par les sommets C, E, et l'on mènera deux droites NM, EP perpendiculaires à NE ; puis on joindra les points M, P, qui rencontrent les côtés RL, IH. On formera de cette manière un trapèze droit NEPM, sur les côtés duquel on abaissera, de tous les angles extérieurs, les perpendiculaires B*a*, D*b*, F*c*, G*d*, H*e*, I*f*, J*g*, K*h*, L*i*, R*j*, O*k* et A*l*, qui partagent les portions de terrain comprises entre ces côtés et ceux de la figure en un certain nombre de triangles et de trapèzes droits, dont on mesurera les dimensions par les moyens connus. On terminera en construisant des triangles et des trapèzes semblables à ceux du terrain, et on aura le plan demandé.

Remarque.—Si le terrain dont on cherche le plan est couvert de récoltes qu'on ne veut pas endommager, ou si c'est un bois fourré, un étang, etc., on l'enfermera dans un rectangle ou dans un trapèze droit, sur les côtés duquel on abaissera des perpendiculaires, qui décomposeront en triangles et en trapèzes la surface comprise entre la figure enveloppante et le périmètre du terrain. Ensuite on dessinera au crayon, d'après l'échelle adoptée et les cotes du croquis, l'ensemble des triangles et trapèzes formés, et on mettra à l'encre les côtés appartenant au terrain, ce qui fournira le plan demandé.

47. *Lever le plan des parcelles de la figure 51.*

La configuration et la position respective des parcelles permettant de prendre KL pour base principale, on prolongera cette ligne vers *a* et X, et on abaissera les perpendiculaires A*a*, M*b*, B*c*, J*d*, C*e*, D*f*, H*g*, IX, dont on cotera exactement les longueurs et les distances des pieds, au fur et à mesure qu'elles seront obtenues. Ensuite on continuera la perpendiculaire IX jusqu'en Y, tant pour relever les sinuosités de la courbe IRQ que pour rattacher la transversale MO, qui a été menée perpendiculairement à IO. Enfin, on mesurera les traverses *ij*, *lk*, *mn*,.... et les lignes LV, VU, UT, HG, GF, FE.

Cela fait, on construira le plan général en représentant d'abord, suivant les cotes du croquis et l'échelle adoptée, le rectangle M*b*XO et les trapèzes CBD*f*, *f*DIX. On déterminera en second lieu les longueurs proportionnelles de toutes les perpendiculaires, et on joindra leurs extrémités, qui sont des points homologues à ceux du terrain ; on terminera en rapportant les points G, F, E, V, U, T, par où passent les droites VG, UF, TE.

§ III. LEVÉ AU GRAPHOMÈTRE OU AU GONIOMÈTRE.

48. *Lever le plan de la figure 52.*

1° *Méthode des intersections.*

Après avoir dessiné grossièrement le périmètre et choisi une base AD telle que des extrémités on aperçoive les sommets B, C, G, F, E, on mettra le graphomètre en station au point A, de manière que le plan du limbe soit horizontal et l'alidade fixe dans la direction AD. Puis, imaginant menées les droites AC, AE, AF, on dirigera l'alidade mobile successivement vers les points B, C, E, F, G, et on inscrira les valeurs des angles BAD, CAD, DAE, DAF, DAG. Cela fait, on mesurera avec soin la ligne AD, et on placera le graphomètre en D, l'alidade fixe dans le sens AD. Ensuite on dirigera l'alidade mobile vers les mêmes points B, C, E,.... et on inscrira encore les angles CDA, BDA, ADG, ADF, ADE.

Lorsque toutes ces opérations seront terminées, on construira le plan en donnant à AD autant de parties de l'échelle que le croquis indique de mètres. On décrira ensuite, au point A, avec le rapporteur, des angles BAD, CAD, DAE, DAF, DAG, et au point D, des angles CDA, BDA, ADG, ADF, ADE respectivement égaux aux angles mesurés. Joignant les points d'intersection deux à deux, on aura le plan demandé, puisqu'il sera composé d'un nombre de triangles semblables précisément égal à ceux formés sur le terrain.

Remarque.—Bien qu'il soit indifférent de prendre pour base telle ou telle diagonale, on évitera soigneusement de s'établir sur celle qui formerait avec les lignes de visée des triangles trop obliquangles, parce qu'alors les points d'intersection ne seraient déterminés, sur le plan, qu'avec une exactitude problématique.

2° *Méthode par cheminement.*

49. Dans le polygone précédent, si des obstacles empêchent de viser à travers le terrain, on mesurera directement les côtés AB, BC, CD,.... et les angles ABC, BCD,.... au fur et à mesure qu'on se trouvera à leurs sommets B, C,.... Ensuite on construira le plan en prenant sur l'échelle des longueurs correspondant à AB, BC, CD,... et en les portant sur les côtés d'angles égaux à ABC, BCD,.... tracés à l'aide du rapporteur. De cette manière, le polygone obtenu sera semblable à celui du terrain comme ayant les angles homologues égaux et les côtés homologues proportionnels.

Cet exemple nous paraît suffisant pour apprendre au lecteur comment on lève par cheminement un contour rectiligne plus ou moins sinueux, limitant un terrain inaccessible à son intérieur, tel que celui d'un bois, d'un marais, d'un étang, etc. Nous ferons seulement remarquer que le rapport des plans levés par cette méthode offre plus de difficultés qu'on ne le croit communément, et que leur fermeture ne s'effectue pas toujours d'une manière précise, bien que la somme des angles mesurés, qui doit égaler deux droits multipliés par le nombre de côtés moins deux, accuse l'exactitude du levé. On ne saurait donc apporter trop de soins dans le choix des instruments de cabinet, car il arrive souvent que c'est à leur imperfection et à leur emploi trop négligé qu'est due la non fermeture des plans. Une règle mal dressée, un rapporteur inexact, un crayon mal taillé, une échelle tourmentée sont autant de causes de l'insuccès du rapport.

§ IV. LEVÉ A LA PLANCHETTE.

Les levés à la planchette peuvent se faire dans les mêmes cas et suivant les mêmes méthodes que les levés au graphomètre.

50. *Lever le plan du terrain ABCDEFG.* (Fig. 53.)

1° *Méthode des intersections.*

Ayant pris pour base d'opération la ligne AE, des extrémités de laquelle on aperçoit nettement les points C, D, F, G, on mesurera cette base, et on tracera sur le papier fixé à l'instrument une ligne *ae*, qui ait avec AE un rapport connu. Puis plantant une aiguille fine en *a*, on mettra la planchette en station horizontale au point A, de manière que *a* soit verticalement au-dessus de A et *ae* au-dessus de AE. Cela fait, on visera successivement, par les pinnules de l'alidade appliquée contre l'aiguille, les points B, C, D, F, G, et l'on tracera les droites indéfinies *ab, ac, ad, af, ag.*

10

Les opérations relatives à la station A terminées, on portera la planchette au point E, où on la mettra en station, de manière que le point *e* soit au-dessus de E et *ea* au-dessus de EA. Ensuite on visera successivement de *e* les points B, C, D, F, G, et on tracera les lignes *eb, ec, ed, ef, eg,* qui rencontrent *ab, ac, ad, af, ag,* en *b, c, d, f, g.* Joignant enfin ces points de la même manière que leurs homologues sont joints sur le terrain, on aura, sur la planchette, le plan *abcdefg* semblable au polygone ABCDEFG.

Remarque. — Si des obstacles quelconques empêchent que des extrémités d'une même base on n'aperçoive tous les sommets de la figure, on remédiera à cet inconvénient en opérant par l'une des méthodes qui suivent.

2° *Méthode par cheminement.*

54. Soit à lever le plan du polygone ABCDEFG (Fig. 54). Les sommets du polygone étant jalonnés, on mettra la planchette en station au sommet A et on plantera l'aiguille en un point *a* qui lui corresponde verticalement. De là on visera successivement les sommets B, G, et l'on tracera les droites indéfinies *ab, ag.*

Ensuite on mesurera sur le terrain la ligne AB, et l'on prendra sur l'échelle une longueur proportionnelle qu'on portera sur la ligne correspondante du papier. Puis on transportera la planchette au sommet B, où l'on mettra *b* sur B, et *ba* dans la direction BA. Cette condition remplie, on plantera l'aiguille en *b* et l'on visera le sommet C. Ayant tracé *bc* le long de l'alidade, on mesurera BC, et l'on prendra *bc* = BC réduite à l'échelle.

On établira ensuite la planchette en C, de manière que le

point *c* soit sur C et *cb* sur CB. On visera de là le sommet
D et l'on tracera la droite *cd ;* puis on mesurera CD, qu'on
reportera sur le papier de *c* en *d,* d'après l'échelle adoptée.

On stationnera d'une manière analogue en E, en F, et
l'opération sera terminée, car le plan *abcdefg* sera un polygone semblable au terrain ABCDEFG.

3° *Méthode par rayonnement.*

52. Soit ABCD..... (Fig. 55), un polygone dont on veut
.le plan. Ayant mis la planchette en station au point *o,* d'où
l'on peut apercevoir les jalons A, B, C, D,.... on marquera
sur le papier le point *o,* qui restera indiqué par une aiguille
plantée verticalement. Puis on visera successivement les
sommets A, B, C, D,..... et on tirera au fur et à mesure, le
long de l'alidade, les lignes indéfinies *oa, ob, oc, od,.....*
On mesurera aussi les distances *o*A, *o*B, *o*C, *o*D,.... et les
prenant sur l'échelle, on les portera respectivement en *oa,
ob, oc, od,....* Enfin, on liera deux à deux les points *a,
b, c, d,.....* par les droites *ab, bc, cd, de, ef, fg, ga,* qui
forment le plan *abcdefg,* représentant parfaitement le polygone ABCDEFG.

REMARQUE.—Si la planchette était placée à l'un des sommets, A par exemple, on dirigerait de ce point des rayons
visuels à tous les autres, ce qui rendrait l'opération identique à la précédente.

Les différents procédés que nous venons d'indiquer suffi-
sent pour faire connaître la pratique de la planchette, qui est
un instrument commode et très expéditif entre les mains
d'un opérateur habile et exercé.

53. *Déclinatoire.*—Pour orienter les plans de la planchette et aussi pour s'assurer qu'en mesurant les angles elle n'a pas dévié de sa position initiale, on se sert d'une petite boussole appelée *déclinatoire.* Cet instrument consiste en une aiguille aimantée, posée sur un pivot, et enfermée dans une boîte rectangulaire au fond de laquelle on a tracé, dans le sens de sa longueur, une *ligne de foi* appelée *nord-sud,* parallèle à un de ses côtés.

Le déclinatoire est employé pour disposer la planchette de la même manière à chaque station. A cet effet, on trace dans un coin de la feuille une droite dont la direction doit représenter celle du méridien magnétique ; puis on applique sur cette droite un des grands côtés de la boîte, et l'on fait tourner la planchette autour de l'axe vertical, jusqu'à ce que l'aiguille s'arrête au zéro, c'est à dire parallèlement à la ligne tracée, qui devient ainsi la méridienne magnétique. Pour avoir la direction du méridien terrestre ou l'orientation du plan, on tracera une nouvelle ligne faisant avec la première, vers la droite, un angle égal à la déclinaison, ou à 20° environ.

§ V. LEVÉ A LA BOUSSOLE.

AZIMUTH MAGNÉTIQUE.

On nomme *azimuth magnétique* d'une droite l'angle qu'elle fait avec la direction de l'aiguille aimantée, c'est à dire avec la méridienne magnétique qui passe à l'une des extrémités de la droite. Cet angle se compte de 0° à 360°, en partant du nord de l'aiguille et en tournant vers l'ouest, ou de droite à gauche.

Il suit de là que si une droite AB (Fig. 56), coïncidant d'abord avec la méridienne magnétique SN, tourne autour du point A dans le sens indiqué par la flèche, son azimuth ira en augmentant d'une manière continue. Ainsi, pour la position AB, l'azimuth sera déterminé par l'arc NB, et pour les positions AB′, AB″, AB‴, par les arcs NBB′, NBB′B″, NBB′B″B‴.

Si la droite dont on veut représenter la direction n'est point horizontale, on la projettera sur un plan horizontal, et l'azimuth de la projection sera celui de la droite.

54. *Mesurer avec la boussole l'azimuth d'une droite AB.* (Fig. 57.)

L'opérateur, placé en **A**, disposera la boussole bien horizontalement, de manière à avoir la visière ab à sa droite et le centre au-dessus du point A. Puis visant par le trou a, il fera tourner doucement la boîte tout entière autour de son axe, jusqu'à ce que la lame déliée de la fenêtre b se projette exactement sur le jalon B. Cela fait, il attendra que l'aiguille aimantée soit immobile pour lire l'azimuth de la droite **AB**, qui alors sera directement mesuré par l'arc cSn, puisque le point n est le pôle nord et que la ligne 0° —180° est parallèle à la direction AB.

55. *Déterminer l'angle ABC formé sur le terrain par la rencontre des droites AB et AC.* (Fig. 58.)

On mettra la boussole en station au sommet A, et on déterminera, comme précédemment, les azimuths magnétiques nb, $n'c$ des droites AB, AC. La différence $b'c$ de ces azimuths représentera évidemment l'angle cherché.

Remarque.—Si la différence des azimuths surpasse 180° ou si la méridienne magnétique AN (Fig. 59) tombe dans l'intérieur de l'angle BAC, il faudra retrancher cette différence $b'dc$ de 360°, afin d'obtenir la valeur réelle de l'angle BAC.

56. *Lever le plan de la ligne sinueuse ABCDEF.*
(Fig. 60.)

Ayant placé la boussole horizontalement au point A, et pris l'azimuth de la ligne AB, on mesurera la distance AB. Arrivé en B, on déterminera l'azimuth de la droite BA et celui de la droite BC; puis on chaînera BC, et on évaluera les azimuths de CB et de CD. On continuera de la même manière jusqu'à ce que l'on soit parvenu à l'extrémité F de la ligne polygonale.

Pour éviter toute confusion sur le croquis, on enregistrera les azimuths au fur et à mesure dans le tableau suivant, qui présente, dans la colonne intitulée *avant*, les azimuths des lignes AB, BC, CD,.... et dans celle intitulée *arrière*, les azimuths des droites BA, CB, DC.....

AZIMUTHS.

CÔTÉS.	AVANT.	ARRIÈRE.
AB = 30ᵐ.	209° 30'	29° 30'
BC = 21ᵐ 50.	250°	70°
CD = 36ᵐ.	272° 30'	92° 30'
DE = 25ᵐ.	218°	38°
EF = 40ᵐ.	266°	86°

A l'aide de ce tableau et de soustractions effectuées conformément au n° 55, on déterminera les angles que les droites font entre elles, de sorte qu'il sera aisé de rapporter le plan de la ligne proposée.

On remarquera que les azimuths d'avant et d'arrière du même côté d'une ligne doivent toujours différer de 180°, attendu que les méridiennes magnétiques passant à ses extrémités forment, par leur parallélisme, des *angles intérieurs supplémentaires*, qui valent en somme la différence des azimuths précités.

Cette remarque permet encore de vérifier l'exactitude des azimuths mesurés, et de reconnaître si une masse de fer, cachée dans le voisinage d'une station, n'a point modifié la direction de l'aiguille aimantée.

57. *Lever à la boussole le polygone accessible ABCDE.*
(Fig. 61.)

La méthode par cheminement étant préférable à toute autre pour rendre insignifiantes les petites erreurs qui résultent du défaut de précision dans les angles, on disposera bien horizontalement la boussole au-dessus des sommets A, B, C,.... et on déterminera les azimuths des deux directions de chaque côté ABC, BCD,.... qu'on chaînera au fur et à mesure qu'on se transportera à leurs extrémités. Cela fait, on calculera, à l'aide des azimuths méthodiquement enregistrés, les angles intérieurs du polygone, et on terminera en construisant un polygone semblable dont les angles homologues seront égaux à ABC, BCD,...... et les côtés proportionnels à AB, BC, CD....

USAGE DE LA BOUSSOLE.

La boussole n'est employée que lorsqu'on ne tient pas à une exactitude rigoureuse. On s'en sert de préférence pour le remplissage des polygones de masse, pour relever des sentiers, des chemins sinueux qui traversent les bois, des ravins couverts, et généralement tous les contours des petites propriétés et les détails minutieux qu'on rencontre dans les villages. Enfin, elle est utilisée presque exclusivement par les mineurs pour déterminer la direction des galeries souterraines.

§ VI. LAVIS DES PLANS.

Le lavis a pour but de compléter, soit par des teintes imitatives, soit par des teintes conventionnelles, la représentation des terrains et des objets figurés.

L'étude du lavis comprend : 1° les précautions à observer pour la mise au trait et l'encollage du papier ; 2° la composition des teintes ; 3° la manière de procéder dans leur application.

Précautions à observer pour la mise au trait et l'encollage du papier.

1° Comme opération préliminaire, on fixera à une planchette, par ses bords seulement, la feuille qu'on a préalablement mouillée avec une éponge sur la face opposée au dessin ;

2° La feuille collée, puis séchée lentement à l'air, on exécutera d'abord au crayon le dessin destiné à être lavé ;

3° On évitera les erreurs, pour ne pas effacer souvent,

avec la gomme élastique, qui enlève la colle du papier et le rend plucheux ;

4° Le plan étant finement esquissé, on mettra à l'encre de Chine tous ses éléments constitutifs, et on effacera les lignes de construction devenues inutiles ;

5° Enfin on étendra sur le papier qui *happe la couleur* un *encollage* propre à le rendre imperméable.

Pour fabriquer cet encollage, on prendra :

Eau très pure.	1 litre.
Alun	30 grammes.
Savon blanc sans odeur	3 »
Colle de Flandre bien blanche .	20 »

On divisera le litre d'eau en trois parties inégales et on fera fondre dans chacune d'elles un des trois ingrédients. Quand ils seront dissous, on les réunira pour les faire bouillir pendant quelques secondes. Le liquide, étant ensuite passé dans un linge assez fort ou dans un morceau de flanelle, sera étendu sur le papier en couches abondantes au moyen d'un pinceau ou d'une petite éponge. Cinq à six heures après cette opération, le papier sera suffisamment raffermi, et on pourra commencer à laver le plan.

COMPOSITION DES TEINTES.

Les teintes qui recouvrent les différentes parties d'un dessin s'obtiennent par la dissolution dans l'eau pure des couleurs suivantes, qu'on trouve dans le commerce :

Blanc d'argent.	Gomme-gutte.
Bleu de cobalt.	Jaune de chrôme.
Bleu de Prusse.	Jaune indien.
Encre de Chine.	Laque carminée.

11

Noir d'ivoire.	Sépia.
Ocre jaune.	Stil de grain.
Rouge de Saturne.	Terre de Sienne brûlée.
Rouge de Venise.	Vermillon.

Avec ces couleurs principales, on peut obtenir les teintes conventionnelles ci-dessous indiquées :

Couleurs mélangées.	Produits.
Rouge de Saturne, Jaune de chrôme, ou Jaune et vermillon.	AURORE LÉGÈRE.
Bleu de Prusse, Carmin.	ACIER.
Blanc d'argent, Noir d'ivoire, Bleu de Prusse.	ARDOISES.
Bleu de Prusse, Blanc d'argent, Laque carminée.	BLEU DE ROI.
Bleu de Prusse, Blanc d'argent.	BLEU DE CIEL PALE.
Bleu de Prusse, Bleu de cobalt.	BLEU-CIEL FONCÉ.
Gomme-gutte, Carmin, Encre de Chine.	BOIS.
Carmin (assez gr. quantité), Gomme-gutte, Encre de Chine.	BRIQUES ROUGES.
Vermillon, Gomme-gutte.	BRIQUES RÉFRACTAIRES.

Couleurs mélangées.	Produits.
Rouge de Venise, Sépia.	BRUN FONCÉ.
Terre de Sienne brûlée, Bleu de Prusse, Laque carminée.	CHAMOIS.
Vermillon, Blanc d'argent, Laque carminée.	CHAIR.
Laque carminée, Vermillon.	CRAMOISI.
Encre de Chine ou Sépia, Carmin.	CUIR.
Gomme-gutte, Vermillon.	CUIVRE JAUNE.
Carmin, Vermillon, Encre de Chine.	CUIVRE ROUGE.
Bleu de Prusse, Gomme-gutte (très-peu).	EAU.
Bleu de Prusse, Carmin, Encre de Chine.	FER, FONTE.
Gomme-gutte, Encre de Chine.	FILASSE, PIERRE DE TAILLE.
Noir d'ivoire, Blanc d'argent,	GRÉS.
Bleu de Prusse (peu), Blanc d'argent, Laque carminée.	LILAS.
Laque carminée.	MAÇONNERIE COUPÉE.

Couleurs mélangées.	Produits.
Rouge de Prusse, Laque carminée.	} MARRON.
Terre d'ombre, Blanc d'argent.	} MONTAGNES.
Rouge de Saturne, Gomme-gutte.	} ORANGE.
Vert-pré (indigo et gomme- gutte), Blanc d'argent, Jaune indien.	} PAILLE.
Bleu de Prusse, Encre de Chine.	} PLOMB ET ÉTAIN.
Laque carminée, Blanc d'argent.	} ROSE.
Encre de Chine, Carmin, Gomme-gutte.	} TERRAINS ORDINAIRES.
Encre de Chine.	VAPEUR.
Gomme-gutte, Indigo, Laque carminée.	} VERT-POMME.
Indigo, Gomme-gutte.	} VERT-PRÉ.
Indigo, Gomme-gutte, Rouge de Venise.	} VERT-FEUILLAGE.
Noir d'ivoire, Ocre jaune.	} VERT-BRONZE.
Vermillon, Blanc d'argent, Bleu de Prusse, Laque carminée.	} VIOLET.

Couleurs mélangées.	Produits.
Bleu de cobalt, Laque carminée.	} VIOLET BRILLANT.

Pour réussir dans la confection des mélanges précédents, il importe de délayer les couleurs primitives dans des godets séparés, et d'en prendre, avec différents pinceaux, de petites quantités qu'on réunira dans un godet à part. En opérant ainsi on composera facilement la teinte qu'on désire, puisqu'on pourra toujours faire dominer une ou plusieurs couleurs élémentaires.

Manière de procéder dans l'application des teintes.

Le papier étant préparé comme il a été dit plus haut, et la teinte à proximité avec un verre d'eau propre, on prendra deux pinceaux montés sur la même hampe, l'un à la teinte, l'autre à l'eau, et l'on étendra les *teintes plates*, c'est à dire celles d'une égale intensité, dans toute leur étendue, en se conformant aux conseils suivants, qui aideront à la réussite du lavis :

1° On chargera modérément son pinceau, de manière à ce qu'il puisse toujours faire la pointe ;

2° On conduira la teinte par bandes horizontales successives du haut vers le bas, en commençant par la gauche ;

3° Les coups de pinceau devront se toucher et être donnés assez vîte, en fouettant la teinte pour l'accumuler vers la partie inférieure de la bande, où elle doit former réservoir afin de se lier parfaitement à la bande contiguë ;

4° On reprendra fréquemment de la teinte, qu'on remuera chaque fois pour éviter des nuances différentes ;

5° On se gardera bien de revenir sur ses pas avec le pinceau et de dépasser les lignes qui servent de limite à la teinte ;

6° On attendra que la première couche soit à peu près sèche pour la recouvrir d'une nouvelle, autrement le papier plus mou s'écorcherait sous le frottement du pinceau, la couleur s'enlèverait par place et la teinte serait toute tachée ;

7° S'il fait chaud et que la teinte doive servir quelque temps, on préviendra l'évaporation, qui la rend plus foncée, en recouvrant le godet d'un morceau de papier humide, et au besoin on ajoutera de temps en temps une goutte d'eau ;

8° On fera disparaître les taches claires (qu'on peut d'ailleurs empêcher en commençant toujours un lavis par une teinte excessivement faible), en remettant dessus, avec le pinceau presque sec, de petites *teintes courtes* qui les ramèneront au ton environnant ;

9° Enfin, si la teinte doit être *dégradée*, c'est à dire plus foncée dans certaines parties et se résolvant en une intensité plus faible par des teintes intermédiaires, on l'adoucira à mesure qu'on la posera à l'aide du second pinceau légèrement imbibé d'eau.

Nous terminerons ce qui concerne le lavis en donnant les conventions relatives aux teintes employées pour désigner les propriétés rurales.

Arbres isolés. — Jaune-verdâtre du côté qui reçoit le jour et vert-pomme de l'autre côté. L'ombre, qui suit la direction ordinaire dans une projection horizontale, est recouverte d'une légère teinte de sépia.

BATIMENTS EXISTANTS. — Teinte plate de carmin sur toute la surface avec filet de carmin plus foncé du côté opposé à la lumière.

BATIMENTS EN PROJET. — Jaune-orangé formé de jaune de chrôme.

BOIS, HAIES. — Jaune-jonquille, composé de bleu de Prusse et de gomme-gutte, en faisant dominer cette dernière couleur.

BRUYÈRES. — Teinte *panachée* (*) de vert-pré et de carmin léger. Si les bruyères sont humides, on recouvrira le vert-pré d'une légère teinte de bleu de Prusse.

CLOTURES EN MAÇONNERIE. — Carmin léger.

ÉTANGS. — Bleu léger plus foncé sur les bords.

FRICHES. — Vert très léger et teinte aurore affaiblie, employés avec deux pinceaux, de manière à former des marbrures dans lesquelles l'une des deux teintes occupe à peu près autant de place que l'autre, bien que distribuées irrégulièrement.

JARDINS POTAGERS. — Teintes variées pour chaque planche potagère. Les couleurs employées sont généralement le carmin, la sépia, la gomme-gutte, le vert-pré, la teinte des bois, etc.

LANDES. — Vert-pré et aurore pâle. Celle-ci sert à indiquer les flaques de sable, quand il y en a, dans les landes.

MARAIS. — Vert-pré et bleu léger pour indiquer les flaques d'eau.

(*) Une teinte est panachée lorsqu'elle se compose de diverses couleurs étendues en même temps avec différents pinceaux.

MONTAGNES. — Teinte composée d'encre de Chine et de sépia, dégradée vers la partie éclairée et adoucie vers le bas. Plus la montagne est haute et rapide, plus la couleur doit être forte au sommet.

PRÉS ou PRAIRIES. — Vert-pré assez clair.

ROCHERS. — Ils se traitent avec des teintes jaunâtres, roussâtres ou violacées mises en opposition; les creux et les parties qui sont dans l'ombre sont indiqués à l'encre de Chine.

SABLES. — Teinte aurore faite avec la gomme-gutte et le carmin.

TERRES LABOURABLES. — Terre de Sienne, à laquelle on ajoute un peu d'encre de Chine si le terrain est en pente.

VERGERS. — Vert jaunâtre.

VIGNES. — On lave les vignes avec une teinte formée de parties égales de carmin et de bleu de Prusse; on y ajoute un peu d'encre de Chine pour obtenir un ton de lie de vin.

TROISIÈME PARTIE

NIVELLEMENT.

OBJET DU NIVELLEMENT. — PLAN DE COMPARAISON.

L'art du *nivellement* a pour objet principal de comparer entre elles les hauteurs des points les plus remarquables d'un tracé.

Pour déterminer le rapport qui existe entre plusieurs points, on imagine au-dessus ou au-dessous de ces points un plan horizontal de *comparaison*, sur lequel on abaisse des perpendiculaires dont les longueurs, qu'on nomme *côtes de hauteur*, font connaître par de simples soustractions les différences de hauteur des points considérés.

58. Soient, par exemple, les points a, b, c (Fig. 62), et un plan de comparaison dont la projection verticale est re-

présentée par la ligne AC. Si l'on mène les perpendiculaires
aA, bB, cC, et que l'on trouve aA $= 6^m\,25$, bB $= 3^m\,10$,
cC $= 8^m\,10$, on en conclura que le point b est plus élevé
que a et c; qu'il est élevé au-dessus de a de $6^m\,25 - 3^m\,10$
$= 3^m\,15$, et au-dessus de c de $8^m\,10 - 3^m\,10 = 5^m$. De
même a est plus élevé que c de $8^m\,10 - 6^m\,25 = 1^m\,85$.

LIGNES DE NIVEAU.

On distingue deux sortes de lignes de niveau : 1° la
ligne de *niveau vrai* ; 2° la ligne de *niveau apparent*.

1° La ligne de *niveau vrai* est celle qui suit la direction
des eaux tranquilles et dont tous les points sont à égale distance du centre de la terre : tel est l'arc du grand cercle terrestre AOB. (Fig. 63.)

2° On nomme ligne de *niveau apparent* le rayon visuel
AC déterminé par les instruments de nivellement.

La différence OC, entre le niveau apparent et le niveau
vrai, ne peut guère entraîner une erreur sensible dans les
nivellements ordinaires, car les méthodes employées pour
conduire les opérations fournissent des résultats qui la neu-
tralisent suffisamment.

Cependant, comme dans des cas extrêmement rares il importe de tenir compte de cette erreur, nous allons indiquer
le moyen de la calculer rigoureusement.

Soit D le centre de la terre, AO le niveau vrai et AC une
tengente représentant la direction du niveau apparent. Joignons le point de contact A et l'extrémité C au point D ; nous
formerons ainsi un triangle rectangle DAC dans lequel on
connaîtra la distance AC et le rayon DA, qui égale environ

6366 kilomètres. Donc, d'après le théorème de Pythagore, $DC = \sqrt{\overline{DA^2} + \overline{AC^2}}$. Retranchant maintenant $DA = DO$ de DC, on aura OC, c'est à dire *l'excès du niveau apparent sur le niveau vrai*.

Si dans la formule $DC = \sqrt{\overline{DA^2} + \overline{AC^2}}$ on donne successivement à AC les valeurs 100^m, 200^m, 300^m,.... on pourra former le tableau suivant, qui présente l'élévation du niveau apparent sur le niveau vrai pour les principales distances.

DISTANCES	DIFFÉRENCE des niveaux.	DISTANCES	DIFFÉRENCE des niveaux.
100 mèt.	0^m 0008	1500 mèt.	0^m 1767
200 »	0 0031	1600 »	0 2011
300 »	0 0071	1700 »	0 227
400 »	0 0126	1800 »	0 2545
500 »	0 0196	1900 »	0 2835
600 »	0 0283	2000 »	0 3142
700 »	0 0385	3000 »	0 7045
800 »	0 0503	4000 »	1 2524
900 »	0 0636	5000 »	1 9569
1000 »	0 0785	6000 »	2 818
1100 »	0 095	7000 »	3 8355
1200 »	0 1231	8000 »	5 01
1300 »	0 1327	9000 »	6 34
1400 »	0 1539	10000 »	7 8023

On voit par ce tableau que la différence des deux niveaux peut être négligée jusqu'à 300^m. Au-delà de cette distance, il est indispensable de corriger l'erreur en diminuant la cote de hauteur.

REMARQUE. — Dans la pratique, cette erreur disparaît d'elle-même quand on place le niveau au milieu de l'inter-

valle qui sépare les points comparés. En effet, les extrémités a, b (Fig. 64) du rayon visuel horizontal ab, étant
également éloignées du centre C de la terre, on a $aC - a'C$
ou $aa' = bC - b'C$ ou bb' : donc l'erreur du niveau apparent n'altère pas le résultat de l'opération, puisqu'elle affecte
de la même manière les deux cotes de hauteur aa' et bb'.

INSTRUMENTS DE NIVELLEMENT.

Les instruments particuliers au nivellement sont les NI-
VEAUX et la MIRE.

Les niveaux servent à diriger horizontalement le rayon
visuel de l'observateur et à le continuer autant qu'il le juge
à propos, afin de déterminer le niveau vrai pour conduire
les eaux, construire un canal, une route, sécher un marais,
une fondrière, etc.

Il existe un grand nombre de niveaux, mais on n'em-
ploie généralement que le *niveau d'eau*, le *niveau à bulle
d'air* et le *niveau à perpendicule*.

NIVEAU D'EAU.—Cet instrument se compose d'un tube de
fer-blanc ABCD (Fig. 65), recourbé perpendiculairement à
ses deux extrémités et terminé par deux fioles AE, DF de
verre transparent. A son milieu est soudé un genou qui permet de l'incliner, de l'élever et de le faire tourner à volonté.

Lorsqu'on veut se servir de cet instrument, on l'adapte
à la tige verticale d'un trépied, et on verse de l'eau colorée
dans l'une des fioles, de telle sorte qu'il y en ait à peu près
jusqu'aux deux tiers dans chacune ; alors, quand les deux
surfaces ne sont point agitées, elles sont rigoureusement de
niveau et peuvent déterminer toute ligne horizontale HH'
aboutissant à un point donné.

Niveau a bulle d'air. — Ce niveau, qui ne cède rien au premier par sa simplicité et son exactitude, consiste dans un tube de verre de forme cylindrique, presque entièrement rempli d'esprit de vin ou d'éther, et fermé hermétiquement aux deux extrémités, de manière à laisser un petit espace occupé par une bulle d'air ; cette bulle s'arrête au milieu du tube marqué par un index, lorsque l'objet sur lequel il repose se trouve dans une position horizontale.

Pour rendre l'usage du tube plus commode et aussi pour en protéger la fragilité, on le renferme dans une garniture de cuivre, échancrée par-dessus, montée et fixée solidement à une règle de métal, dont la face inférieure doit être horizontale lorsque la bulle s'arrête au milieu du tube.

Niveau a perpendicule.—Le plus simple est le niveau de *maçon* ou de *charpentier*, ainsi nommé parce que les ouvriers de ces deux professions s'en servent continuellement. Il consiste en un triangle isocèle ABC (Fig. 66), en bois, accompagné d'un fil à plomb ou perpendicule AP, partant du sommet A, et tombant sur une traverse *bc*. Quand cet instrument est placé verticalement et que les pieds B, C reposent sur une règle horizontale, le perpendicule doit coïncider avec la *ligne de foi* marquée au milieu de la traverse.

L'usage des niveaux à perpendicule remonte à la plus haute antiquité. Les peuples de l'Orient, et notamment les Chinois, paraissent ne point en avoir connu d'autres. Toutefois, ce n'est que vers la fin du XVIIe siècle qu'on a cherché, en France, à en tirer parti pour les opérations de nivellement.

MIRE A COULISSE. — Cet instrument, qui est l'accessoire obligé des niveaux, se compose d'une forte règle AB (Figure 67), de deux mètres de hauteur, divisée en décimètres et centimètres ; d'une réglette GH glissant avec facilité dans une rainure longitudinale pratiquée sur la règle, et d'un *voyant* CDEF, moitié noir et blanc, fixé par sa face postérieure à un manchon ou bracelet métallique dans lequel passe le corps de la mire. Au moyen de cette pièce, le voyant peut être monté ou descendu à volonté, et une vis de pression permet de l'arrêter à la hauteur convenable.

OPÉRATIONS DE NIVELLEMENT.

Les opérations de nivellement sont *simples* ou *composées* : *simples*, lorsqu'elles permettent de comparer les hauteurs de deux points sans changer le niveau de place ; *composées*, lorsqu'elles font dépendre la différence de niveau d'une série de nivellements simples facilement exécutables.

NIVELLEMENT SIMPLE.

59. *Déterminer la différence de niveau des points A et B ou la pente du point B au point A.* (Fig. 68.)

Après avoir installé le niveau au point A et envoyé le porte-mire au point B, on dirigera l'instrument sur le voyant, qu'on fera monter ou descendre par des signes conventionnels (*) jusqu'à ce que la ligne de foi DN soit parfaitement

---

(*) Généralement on fait *hausser ou baisser* le voyant, en élevant ou en abaissant la main à plusieurs reprises.

Le signal qui indique au porte-mire l'usage de la *coulisse* ou

à la hauteur du rayon visuel MN, qui rase la surface de l'eau. Le porte-mire, arrêtant alors le voyant, lira à haute voix la cote BN marquée par la mire, et on l'inscrira sur le canevas. Mesurant ensuite la hauteur AM et retranchant BN de AM, on connaîtra la différence de niveau des points A et B.

Remarque.—Si la distance AB surpasse 300 mètres, il conviendra, pour ne pas être astreint à la correction de niveau précédemment indiqué, d'établir l'instrument au point C, milieu de AB, et d'envoyer successivement le porte-mire en A et en B, afin de déterminer la distance de chacun de ces points à la ligne d'eau. Les cotes de hauteur de A et de B étant ainsi obtenues, on retranchera la plus petite de la plus grande, ce qui donnera la pente du point B au point A.

60. *Déterminer la différence respective du niveau des points A, B, C, D, E.* (Fig. 69.)

L'opérateur établira le niveau au point F et enverra présenter successivement la mire aux points A, B, C, D, E, afin de déterminer, comme plus haut, les cotes Aa, Bb, Cc, Dd, Ee, qu'on inscrira au fur et à mesure sur le croquis.

Si l'on a trouvé Aa=3^{m}10, Bb=1^{m}80, Cc=2^{m}70, Dd=1^{m}20, Ee=2^{m}40, on remarquera :

---

réglette consiste à porter la main au-dessus de la tête et à l'élever autant de fois qu'il est nécessaire.

Lorsque la *ligne de foi* est à la hauteur voulue, l'observateur décrit horizontalement une ligne partant de gauche à droite, et alors le porte-mire arrête le voyant en serrant la vis destinée à cet usage.

1° Que la différence de niveau des points A et B égale $Aa — Bb = 3^m 10 — 1^m 80 = 1^m 30$;

2° Que le point C est plus bas que le point B de la quantité $Cc — Bb = 2^m 70 — 1^m 80 = 0^m 90$;

3° Que l'élévation de D par rapport à C équivaut à $Cc — Dd = 2^m 70 — 1^m 20 = 1^m 50$;

4° Enfin que les deux termes extrêmes A et E diffèrent en hauteur de $Aa — Ee = 3^m 10 — 2^m 40 = 0^m 70$.

NIVELLEMENT COMPOSÉ.

64. *Trouver la différence de hauteur des points A et B situés de telle sorte qu'il soit impossible d'en faire le nivellement d'un seul coup de niveau.* (Fig. 70.)

Après avoir choisi et jalonné les extrémités C, D, E, F,.... des stations intermédiaires qui relient le point B au point A, on procèdera au nivellement général en observant d'établir le niveau à peu près à égale distance des termes de chaque station.

Etant en K, le niveau dans la direction IA, on visera successivement vers A et I, et on inscrira sur son canevas les cotes a et a' aussitôt que le porte-mire en aura donné lecture. On transportera ensuite l'instrument à la seconde station L, d'où l'on déterminera les cotes b et b', puis à la station M et aux suivantes, jusqu'à ce que l'on soit parvenu au point B.

L'opération sur le terrain étant alors terminée, on fera la somme des cotes élémentaires a, b, c, d, e, f, g, h, appelées *cotes d'arrière*, par rapport aux points A, I, H, G,... qu'on laisse derrière soi en cheminant vers B, et celle des cotes a', b', c', d', e', f', g', h', nommées *cotes d'avant*

comme provenant de points qu'on rencontre successivement
devant soi en allant d'une station à l'autre. La différence de
ces deux sommes représentera la différence de niveau des
points A et B. Pour le démontrer, considérons séparément
les diverses pentes du terrain AGDB, et menons les horizontales AN, ODP, ainsi que les verticales GQ et BN.

Les points I, H, G de la première pente montant continuellement, il est visible que la différence de niveau des
points A et I équivaut à $a-a'$; celle des points I et H, à
$b-b'$, et celle des points H et G à $c-c'$; par suite, celle
des points G et A, qui se compose de la somme des pentes
partielles, est $(a-a') + (b-b') + (c-c') = (a+b+c) - (a'+b'+c') = GQ$.

En raisonnant d'une manière analogue pour les points
E, F, G de la pente GD, on trouvera que l'élévation du
point G par rapport à D revient à $(d'+e'+f') - (d+e+f)$
ou à GP.

Cela posé, la différence de niveau des deux points A et D,
situés de part et d'autre du point G, étant égale à la différence de leurs cotes de hauteur GQ et GP, ou à PQ, peut être
représentée par $(a+b+c) - (a'+b'+c') - (d'+e'+f')
+ (d+e+f) = (a+b+c+d+e+f) - (a'+b'+c'+d'+
e'+f')$. Mais d'après ce qui a été dit précédemment pour la
pente GA, le point B s'élève au-dessus du point D de
$(g+h) - (g'+h') = BO$: donc enfin BN, ou la différence
de niveau des points B et A, égale $(g+h) - (g'+h') +
(a+b+c+d+e+f) - (a'+b'+c'+d'+e'+f') =
(a+b+c+d+e+f+g+h) - (a'+b'+c'+d'+e'+f'+
g'+h')$, c'est-à-dire la somme des cotes d'arrière diminuée
de la somme des cotes d'avant.

La démonstration de cette règle pouvant s'étendre de proche en proche à un nombre quelconque de pentes, nous conclurons que *pour obtenir la différence de niveau des termes extrêmes d'une opération composée, il faut faire séparément la somme des cotes d'arrière et celle des cotes d'avant, puis prendre la différence de ces deux sommes. Si c'est la première somme qui l'emporte, le point de départ sera plus bas que celui vers lequel on se dirige ; au contraire, le point de départ sera le plus élevé si la seconde somme est la plus grande.*

Pour mettre plus d'ordre et de régularité dans ces diverses opérations, on les dispose généralement dans un tableau comme le suivant, qui présente en outre les distances des termes de chaque station.

STATIONS.	COUPS DE NIVEAU		DISTANCES prises en tendant la chaîne horizontalement.
	D'ARRIÈRE.	D'AVANT.	
K	$a = 3^m\ 50$	$a' = 0^m\ 90$	$IA = 38^m\ 20$
L	$b = 3$ »	$b' = 0\ 80$	$HI = 46$ »
M	$c = 3\ 10$	$c' = 0\ 60$	$GH = 54\ 40$
R	$d = 1\ 10$	$d' = 3$ »	$FG = 32\ 10$
S	$e = 1\ 30$	$e' = 2\ 90$	$EF = 59\ 60$
T	$f = 1\ 50$	$f' = 3\ 30$	$DE = 35\ 80$
U	$g = 2\ 90$	$g' = 1$ »	$CD = 40$ »
V	$h = 3\ 15$	$h' = 0\ 90$	$BC = 50\ 20$
Totaux..	$19^m\ 55$ $13\ 40$	$13^m\ 40$	$356^m\ 30$
Différence...	$6\ 15$		

Comme la somme des coups d'avant est la plus faible, nous l'avons retranchée de la somme des coups d'arrière, et nous avons obtenu $6^m 15$ pour la différence de niveau des points A et B.

REMARQUE.—Si les terrains à niveler ne sont pas nus et découverts, ou s'ils sont marécageux, on essaiera de se frayer directement un passage à travers les obstacles, ou bien on opèrera en dehors en suivant une ligne brisée qui aboutira aux points dont on cherche la différence de hauteur.

PLAN DE NIVELLEMENT.

Parmi les nivellements qui procèdent dans une seule direction, les plus importants sont ceux qui permettent d'obtenir, par des profils en long et en travers, la *configuration* ou le *plan général* des terrains sur lesquels on se propose d'établir certaines voies de communication.

Les procédés relatifs à la formation de ce plan se bornant à déterminer les distances des points nivelés à une horizontale supposée menée à une hauteur arbitraire, et dès lors à un travail des plus simples, nous ne les indiquerons que sommairement, persuadé qu'il n'est pas un seul de nos lecteurs qui ne les saisisse par le peu que nous en allons dire.

62. Soit, par exemple, A, B, C, D, E, F, G, H, I (Figure 74), le croquis ou plan approximatif fait sur place des diverses pentes comprises entre les extrémités A et I d'un tracé de route.

Comme le mérite du profil longitudinal qu'il s'agit de former dépend du choix judicieux des points qui servent à le déterminer, on aura soin, avant de commencer à donner les coups de niveau, d'indiquer par des piquets ou *repères* les points élevés ou déprimés du sol, et de mesurer les distances AB, BC, CD,.... en les ramenant à l'horizon d'après les procédés ordinaires de cultellation. Ensuite on installera le niveau au milieu de chaque station, et plaçant la mire successivement en A, B, C, D,... on prendra exactement les cotes d'avant et d'arrière qui rattachent ces points les uns aux autres.

Cela fait, on rapportera toutes les cotes de nivellement à un même plan de comparaison représenté par la ligne horizontale KS, qu'on tracera à l'extrémité d'une cote d'emprunt aK, suffisamment grande pour que KS soit toujours au-dessus des parties les plus élevées du profil.

Si l'on suppose, pour fixer les idées, que la cote d'emprunt $aK = 10^m$; que les coups d'arrière $Aa = 3^m 10$, $Bb = 2^m 80$, $Cc = 1^m 50$, $Dd = 1^m 10$, $Ee = 2^m 10$, $Ff = 3^m 15$, $Gg = 3^m$, $Hh = 1^m$, et que les coups d'avant $Ba' = 1^m 10$, $Cb' = 1^m 90$, $Dc' = 2^m 80$, $Ed' = 3^m$, $Fe' = 1^m 20$, $Gf' = 1^m 10$, $Hg' = 1^m 80$, $Ih' = 2^m 50$, on obtiendra aisément les cotes des points A, B, C, D, E,..... par rapport au plan de comparaison dont la trace est KS, puisqu'il suffit de *retrancher de chacune d'elles le coup d'arrière qui lui correspond, et d'ajouter au reste le coup d'avant sur le point que l'on considère : le résultat est la cote de ce point.*

Voici d'ailleurs la légende explicative des calculs que l'on fait pour cet objet :

Cote du point A, c'est à dire Aa+aK. . . .	13^m	10
Coup arrière Aa.	— 6	10
Cote de la ligne de visée aa'.	10	»
Coup avant Ba'	+ 1	10
Cote du point B	11	10
Coup arrière Bb.	— 2	80
Cote de la ligne de visée bb'.	8	30
Coup avant Cb'	+ 1	90
Cote du point C	10	20
Coup arrière Cc.	— 1	50
Cote de la ligne de visée cc'.	8	70
Coup avant Dc'	+ 2	80
Cote du point D.	11	50
	— 1	10
	10	40
	+ 3	»
Point E	13	40
	— 2	10
	11	30
	+ 1	20
Point F	10	10
	— 3	15
	6	95
	+ 1	10
Point G	8	05
	— 3	»
A reporter.	5	05

		Report . .	5	05
			+ 1	80
Point H			6	85
			— 1	»
			5	85
			+ 2	50
Point I			8	35

Dans la pratique, il est rare qu'on conserve la légende qui accompagne la partie supérieure de la colonne de chiffres ci-dessus. On se borne généralement à placer les signes — et + en face des coups de niveau qu'on doit retrancher et ajouter alternativement, afin de mettre en relief les cotes verticales AK, BB′, CC′, DD′,....

Les cotes des points A, B, C, D,.... étant connues, on construira le plan du profil de la manière suivante : on tracera d'abord une horizontale KS sur laquelle on prendra des longueurs KB′, B′C′, C′D′, D′E′,... proportionnelles aux distances AB, BC, CD, DE,.... qui ont été mesurées la chaîne tenue horizontalement; puis on élèvera les perpendiculaires KA, B′B, C′C, D′D, E′E,..... ayant un rapport déterminé avec les cotes des points A, B, C, D..... Joignant deux à deux leurs extrémités, on aura la ligne polygonale ABCDEFGHI qui représentera parfaitement la coupe du terrain, c'est à dire son intersection avec un plan vertical passant par les points A et I.

REMARQUE. — Dans la confection des plans de nivellement, on fait souvent usage de deux échelles différentes : la plus petite sert pour les distances horizontales KB′, B′C′, C′D′...... et l'autre pour les cotes verticales KA, B′B, C′C,

D'D,.... Celle-ci est ordinairement le triple ou le quadruple de la première, afin de laisser une place suffisante pour inscrire les cotes KA, B'B, C'C, D'D.....

Quant aux profils en travers, qui comprennent toujours la largeur de la route projetée, on les dirige perpendiculairement au profil longitudinal AI, auquel on les rattache par les points nivelés A, B, C,..... Comme ils sont très faciles à lever, vu leur peu d'étendue, nous nous dispenserons d'entrer ici dans des détails superflus. Nous dirons seulement que pour compléter et rendre plus expressive la configuration du terrain, il est bon de les faire figurer en-dessous des points A, B, C, D,..... Dans ce cas, on prolonge les cotes KA, B'B, C'C,..... qui deviennent ainsi les appendices du plan de comparaison KS, et on calcule les cotes de hauteur des profils transversaux en les comparant respectivement à KA, B'B, C'C,.... Cela fait, on prend un point quelconque A' (premier profil), à partir duquel on porte au-dessus et au-dessous des longueurs A'P, A'Q proportionnelles aux distances des bords de la route à son axe, où passe ordinainairement le profil longitudinal. On élève ensuite les perpendiculaires PR, A'S, QT, d'une longueur proportionnelle aux trois cotes du point A, et on joint leurs extrémités R, S, T, ce qui détermine le premier profil. Les autres s'obtiennent et se représentent de la même manière.

APPLICATIONS DU NIVELLEMENT.

Les principes qui viennent d'être exposés étant bien compris, on peut résoudre toutes les questions qui en exigent l'application. Ces questions sont susceptibles d'être variées à l'infini, mais les suivantes donneront une idée de la marche à suivre dans la plupart des cas.

63. *Trouver sur une ligne déterminée de position un point dont la différence de niveau avec un point donné soit égale à une quantité connue.*

Ayant placé l'instrument un peu au-dessus du point de départ, et donné un coup de niveau sur ce point, on exhaussera le voyant d'une quantité égale à la différence de hauteur assignée. Puis on fera promener la mire sur la ligne donnée et on la suivra en dirigeant continuellement sur elle un rayon de visée horizontal. Dès que la ligne de foi se trouvera à la hauteur de ce rayon, le pied de la mire indiquera le point cherché, puisqu'il aura avec le premier la différence de hauteur assignée.

64. *Trouver le point le plus haut ou le plus bas d'une ligne donnée.*

On jalonnera les points qui occupent le sommet ou le fond des principales ondulations, et on en comparera les hauteurs par un nivellement composé, identique avec celui du n° 99, quant à la manière de faire succéder entre eux les coups de niveau et de calculer les cotes par rapport au plan de comparaison. De simples soustractions feront ensuite connaître le point demandé.

65. *Tracer sur un terrain en pente une ligne courbe ou sinueuse dont tous les points soient de niveau avec un point donné.*

On installera le niveau à proximité de ce point, sur lequel on donnera un coup de niveau. Ensuite on fixera le voyant à la mire, et on la fera porter de proche en proche sur divers points du terrain. Si ceux-ci sont trop haut ou trop bas, le porte-mire, guidé par des signes convenus, descendra ou montera jusqu'à ce que le rayon de visée horizontal passe par la ligne de foi. Comme alors le pied de la mire marque un point de la ligne cherchée, on en indiquera la place par un piquet enfoncé rez terre, et l'on recommencera un peu plus loin les mêmes tâtonnements, afin de trouver autant de points qu'il est nécessaire pour déterminer le passage de la ligne.

66. *Dresser un terrain en terrasses soutenues par des talus ou glacis, d'après un profil donné.* (Fig. 72.)

Soit *abcdefg* le profil à former sur le terrain AB. Ayant déterminé le niveau *gf*, on plantera en *f* un piquet sur lequel on indiquera ce niveau. Un mètre plus loin, on plantera un autre piquet *e* repéré à un mètre plus bas que le premier, afin de donner au talus l'inclinaison naturelle de 45°. On marquera ensuite sur le piquet *d* un point *d* de niveau avec le point *e*, et l'on repèrera le piquet *c* de manière que le talus *dc* soit aussi incliné à 45°. On achèvera l'opération en traçant pareillement l'horizontale *cb* et la pente *ba*.

67. *Etablir une pente régulière entre deux points donnés A et B.* (Fig. 73.)

Bien qu'à la rigueur on puisse déterminer avec le niveau d'eau une suite de repères suffisamment rapprochés pour reconnaître combien on doit enlever de terre à certains endroits pour les porter à d'autres, il est préférable, pour les terrassiers surtout, de n'employer que la *nivelette*, qui se compose d'un petit voyant mi-partie noir et blanc fixé invariablement à une règle d'un mètre de hauteur environ, terminée par une longue pointe à talon. Ce talon s'appuie sur le piquet lorsque la nivelette est plantée verticalement.

Supposons que pour dresser le terrain AB on dispose de trois nivelettes. On en placera une en A, une autre en B et l'on enverra la troisième en un point quelconque C, où le terrassier creusera jusqu'à ce que le rayon visuel A′B′, qui passe par la ligne de séparation du noir et du blanc des nivelettes A et B, affleure la même ligne de la nivelette C. En transposant ainsi la troisième nivelette en d'autres points, on obtiendra autant de repères intermédiaires qu'il en faut pour guider le terrassier dans ses déblais et remblais.

68. *Etablir un plan incliné sur un terrain dont le profil est AB.* (Fig. 74.)

Soit *cedf* la projection horizontale du terrain AB. Après avoir tracé la ligne de plus grande pente *ab*, on déterminera, à l'aide des nivelettes, les points *g, h, i, j, k,* qui serviront à régulariser le profil longitudinal *ab*. Ensuite on mènera *gg′, hh′, ii′, jj′* perpendiculairement à *ab*, et l'on mettra les points *g′, h′, i′, j′, k′* de niveau avec les points correspondants *g, h, i, j, k*. Cela fait, on plantera successivement deux nivelettes aux extrémités des lignes *gg′, hh′, ii′, jj′, kk′*, et l'on dressera les profils transversaux *g′g″, h′h″, i′i″, j′j″, k′k″*, dont la trace sera indiquée par les repères ou piquets que montre la figure. Dès que la terre arasera ces repères, on aura obtenu le plan demandé, puisque, d'après la construction, une ligne droite pourra s'y appliquer dans tous les sens.

69. *Trouver à quelle distance du point B doit avoir lieu l'intersection G de deux profils rectilignes EF et CD.* (Fig. 75.)

Supposons le problème résolu et GH menée perpendiculairement à l'horizontale AB.

Les cotes de hauteur EA, GH, DB étant parallèles, on a

$$\frac{AH}{HB} = \frac{EG}{GF}.$$

Mais à cause de la similitude des triangles ECG, GFD, on a aussi

$$\frac{EG}{GF} = \frac{EC}{DF};$$

donc, à cause du rapport commun,

$$\frac{AH}{HB} = \frac{EC}{DF},$$

ou bien

$$\frac{AH + HB}{HB} = \frac{EC + DF}{DF}.$$

De là on tire

$$HB = \frac{DF(AH + HB)}{EC + DF}.$$

70. *Deux points E, F d'un profil EGF et une horizontale CD étant donnés, trouver sur cette dernière un point G tel que les droites EG, GF forment pente et contre-pente de même taux.* (Fig. 76).

Faisons, sur le croquis, DF′ égal à DF et tirons EF′ : le point d'intersection G sera le point demandé.

En effet, les triangles rectangles GF′D, GDF étant égaux, comme ayant les côtés de l'angle droit égaux chacun à cha-

cun, il est visible que les angles DGF, F'GD et CGE sont
égaux : donc la pente de G à E et celle de G à F sont de
même taux.

Pour déterminer la distance GC il suffit de supposer FG
prolongée, et alors le problème sera réduit à trouver l'intersection de deux profils, question précédemment résolue.

71. *Indiquer les modifications qu'éprouvera le relief*
du sol ondulé JS pour n'établir qu'une seule pente
à partir du point J. (Fig. 77.)

Le nivellement définitif tant en long qu'en travers du terrain JS étant effectué et le profil longitudinal JIPOKLMNS
construit, on recherchera le moyen d'établir la ligne de
pente J*f*, de manière que la surface ONMLK soit équivalente
à la somme des surfaces JIPO et NS*f*.

A cet effet, on évaluera la surface comprise entre le profil
JIPKL...... et la ligne de comparaison AB, et on la divisera
par AB, hauteur du trapèze droit JAB*f* que forment les cotes
de hauteur JA, *f*B et la ligne J*f*. Le quotient représentera
la demi-somme des bases JA et *f*B. Comme JA est connue,
on obtiendra facilement *f*B et par suite la position du
point *f*. Mais d'après les calculs précédents, le trapèze JAB*f*
équivaut au polygone JABSNMLKPI ; donc les surfaces
ONMLK et (JIPO+NS*f*) sont équivalentes. Il suit de là
que les déblais JIPO, NS*f* compenseront approximativement
le remblai ONMLK, à moins que le sol ne soit trop irrégulier dans le sens des profils transversaux, ce qui nécessite-
rait de nouveaux calculs pour balancer les déblais et le
remblai.

Cela posé, il reste à déterminer les portions de cote I*a*,

P*b*, *c*K, *d*L, *e*M, S*f*, pour savoir de combien on doit creuser le sol en I, P, S, et l'exhausser en K, L, M.

Les distances AC, CD, DE, EF,.... et les cotes JA, *f*B étant connues, on pourra calculer la pente par mètre de la ligne *f*J. Soit *n* cette pente. Multipliant *n* successivement par HB, GB, FB,.... on aura les excédants des cotes HN, G*e*, F*d*,.... sur *f*B. Ajoutant ces excédants à *f*B, on aura les cotes HN, G*e*, F*d*,.... qu'on comparera aux cotes correspondantes HN, GM, FL,..... afin d'obtenir *e*M, *d*L, *c*K,..... qui font connaître l'épaisseur des modifications demandées.

Les questions que nous venons de résoudre suffisant pour remplir le but que nous nous proposions, nous nous dispenserons de traiter ici la cubature des terrassements, la méthode du nivellement réciproque, l'emploi des sections horizontales pour exprimer les ondulations du terrain, les opérations préliminaires de la construction des chaussées, des canaux, etc. Ceux de nos lecteurs qui voudraient compléter leurs études sous ce rapport, trouveront tous les renseignements désirables dans l'excellent *Traité* de M. Breton (de Champ).

TABLE DES MATIÈRES.

————

PREMIÈRE PARTIE.

GÉODÉSIE AGRAIRE.

CHAPITRE I.

DIVISION DES TRIANGLES.

CHAPITRE II.

DIVISION DES QUADRILATÈRES.

§. I. *Division du parallélogramme, du carré et du rectangle.*

§ II. *Division du trapèze.*

§ III. *Division des quadrilatères proprement dits.*

CHAPITRE III.

DIVISION DES POLYGONES IRRÉGULIERS.

DEUXIÈME PARTIE.

LEVÉ DES PLANS.

TROISIÈME PARTIE.

NIVELLEMENT.

Douai.—Imprimerie Victor WARTELLE, rue Saint-Christophe, 25.

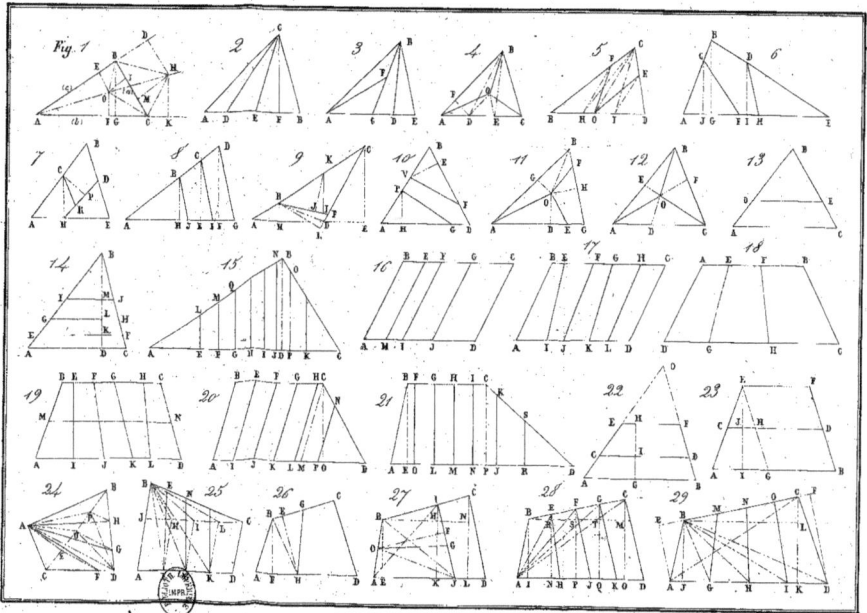

Fig. 1

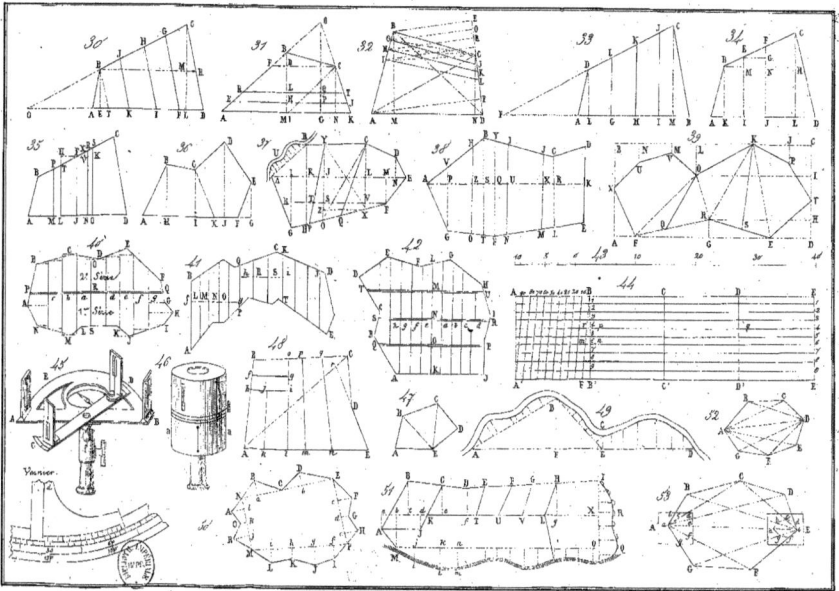

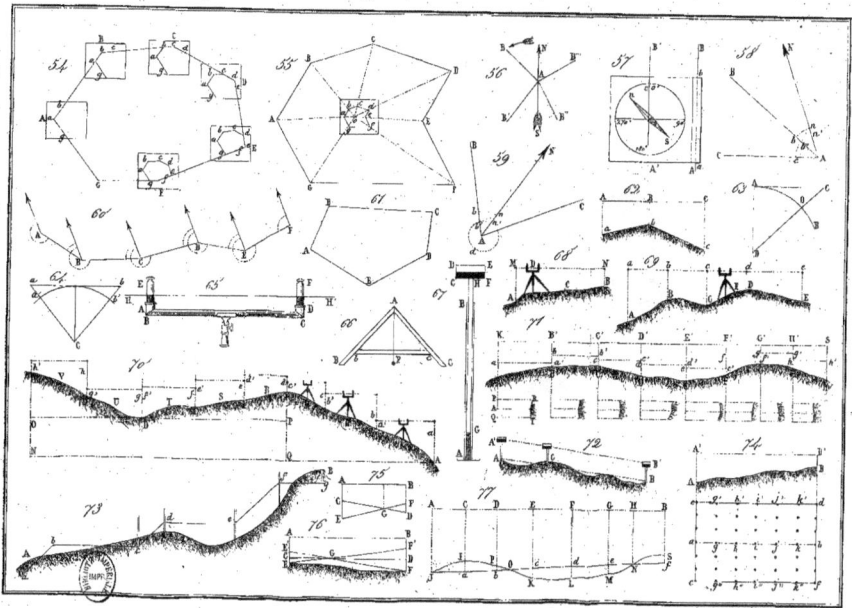